世界中でわいわい作る
mbed
ちなみに「エムベッド」と読みます
GADGET CAFE
NXP
1人じゃない 皆で作るんだ!
Web
こんなプログラム作ったよ～
ジャンボ!
Thank you!
謝謝!
USTREAMふんだん活用!
プログラムを共有できる!
目標 残業0
こんなに歩いたのか!
パソコンでチェック
今日もかあ～
ざんぎょうなう
ライフ・スタイル改善
Twitterつぶやきマシーン
紫外線(UV)メータ
UV:10000
暑いはずよね～
私をうまくのりこなせるかしら
巷のうわさ
mbed、はやってるらしいぜ～
マジでえ～!?

まえがき

　この本では，mbed（エムベッドまたはエンベッド．**写真1**）というプロトタイピング・ツールについて，魅力や使い方，応用例を紹介します．
　mbedとは，簡単に説明してしまうと，マイコン（小さなコンピュータ）が搭載されているボード（基板）ですが，そう書いてしまうと「なんか難しそうだな」と感じてしまう人が多いでしょう．
　このままだと，この本に興味を持ってもらえるのは，電子回路や組み込みプログラム関係の仕事をしている人，趣味で電子工作を楽しんでいる人だけになってしまうので，もっと魅力を感じられる「誰でも簡単に発想を形にできるツール」として紹介します．

　「誰でも簡単に」というのはどういうことかといいますと・・・．

　みなさんはパソコンを持っていますか？インターネットが広まったことで，一般の家庭にもあたりまえのようにあるパソコンですが，その中で動いている電子回路やプログラムをすべて理解して使っているわけじゃないですよね（中にはすべて理解しているすばらしい人もいらっしゃるでしょうが・・）．
　そんな知識がなくてもパソコンを扱えるのは，偉大なる開発者達がパソコンを使いやすくするためにその複雑なしくみをかなり抽象化しているからです．
　ということで，誰でも簡単にパソコンの画面のアイコンをマウスでクリックするというだけで，インターネットにつながってウェブ・ページを見られるのも，抽象化されたシステムのおかげです．

　これに関連して，フィジカル・コンピューティングという言葉を耳にします．フィジカル・コンピューティングについてはあとでちょこっと説明しますが，この言葉でインターネット検索するとGainer（ゲイナー）やArduino（アルドゥイーノ）というキーワードが出てくると思います．
　これらは，フィジカル・コンピューティング・ボードというものの一つで，マイコンが使いやすく抽象化されたしくみになっています．プログラムを作ってLEDを光らせたり，いろいろなセンサをパソコン上のオブジェクトとリンクさせたりするのはすぐにできてしまいます．

　そして，本書で紹介するmbedも，フィジカル・コンピューティングを行うのに適したツールの一つです．mbedはGainerやArduino（**写真2**）でできることはもちろん，発想を形にするための機能と手軽さを備えた魅力的な一品です．

　mbedは常に進化をしています．第2版ではスクリーンショットや手順などを最新のものに更新しました．mbedのボードの種類が増えましたが，本書では，mbed NXP LPC1768について解説しています．

2014年春　著者

まえがき

写真1　これがmbed．なんか難しそうな印象？
でも常に持ち歩きたくなるような魅力を秘めている．

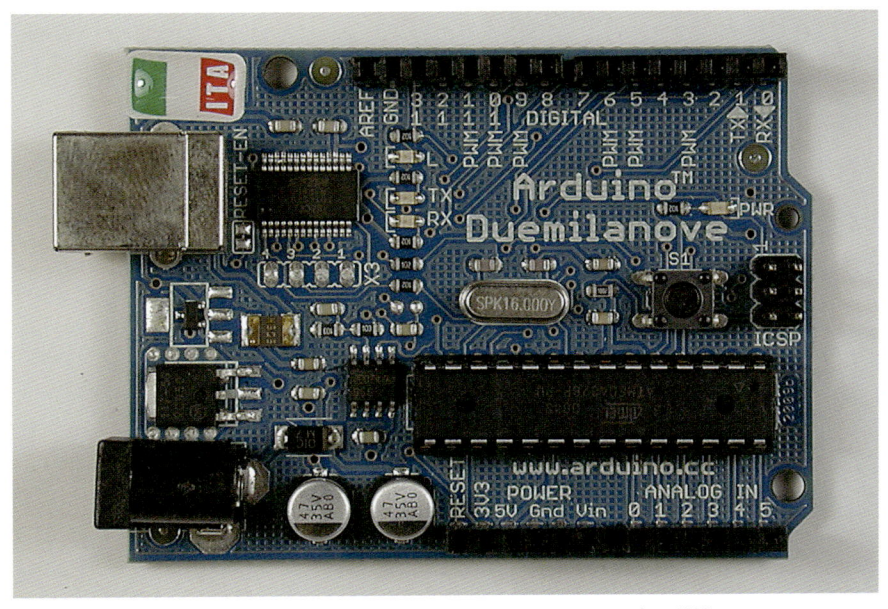

写真2　Arduino Duemilanove（アルドゥイーノ デュエミラノーヴェ）の外観
上にシールドと呼ばれる基板を載せることで機能を拡張したりもできる．

マイコンと電子工作 No.5
超お手軽マイコン mbed 入門

Contents

みんなで簡単ガジェット作り
超お手軽マイコン mbed 入門

イントロダクション　mbedでフィジカル・コンピューティング　6

第1章　三人寄れば文殊の知恵
ソーシャル電子工作の世界　7
- 1.1　始めるには何が必要？
- 1.2　ユーザ登録の方法
- 1.3　ちょーかんたんLEDチカチカ
- 1.4　勘でプログラムを変えてみよう
- 1.5　プログラムの書き方

第2章　時代はクラウド，インターネットで楽チン開発
mbedウェブ・サイトの使い方　23
- 2.1　最新情報をキャッチできるメイン・ページ
- 2.2　開発者からのニュース　ブログ
- 2.3　お題をもとに情報交換できる　フォーラム
- 2.4　お手本を見てみる？　ハンドブック
- 2.5　魅力的な応用例たくさん　クックブック
- 2.6　みんなのメモを参考に！　ノートブック
- 2.7　プロフィールを登録しよう　マイ・ホーム
- 2.8　作ったものはここで公開しよう　マイ・ノートブック
- 2.9　創作はここから　コンパイラ

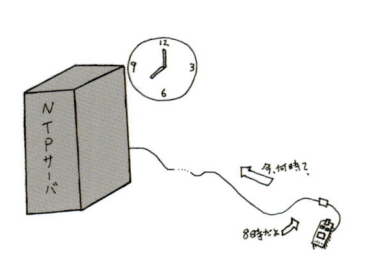

本書のサポート・ページ
http://www.cqpub.co.jp/

第3章　インターフェースが豊富なmbed
mbedに何をつなげてみる？　　　　　　　46

- 3.1　液晶モジュールをつないで文字を表示する
- 3.2　温度センサをつないで温度を表示する
  - コラム　mbed用評価ベース・ボード　☆board Orange
- 3.3　UVセンサをつないでお肌の大敵 紫外線量を調べる
- 3.4　ジョイスティック＆加速度センサ内蔵Wiiヌンチャクをつなぐ
- 3.5　サーボモータをつないで動きで表現しよう
- 3.6　microSDカードをつないでデータを記録する
- 3.7　LANコネクタをつないでインターネットにつなぐ
- 3.8　GPSモジュールをつないで地球上の自分の位置を測る

第4章　レシピが満載!!!
mbedを使った簡単＆便利な製作例　　　　74

- 4.1　ライフ・スタイル改善Twitterつぶやきマシン
- 4.2　プレゼンで目立とうWiiヌンチャク・スライド・コントローラ

Appendix　mbed/LPCXpresso拡張ボード「MAPLE」　102

第5章　みんなで楽しく！みんなでワイワイ！
ソーシャル電子工作を楽しもう　　　　　108

- 付録A　マイコンは高性能！ mbedのスペック　　115
- 付録B　標準ライブラリ日本語リファレンス　　　116
- 付録C　クックブック掲載ライブラリ日本語リファレンス　136

イントロダクション
mbedでフィジカル・コンピューティング

Rapid Prototyping Tool
（高速プロトタイピング・ツール）

mbed
（エムベッド）

　手っ取り早く試作できるというコンセプトで生まれたmbed（**写真1**）．

　手っ取り早く作れるということで，誰でも手軽にものづくりを楽しめるツールとして注目され始めています．

Physical Computing
（フィジカル・コンピューティング）

　コンピュータと人間とのコミュニケーションをデザインして，よりコンピュータを身近にする研究を行うというフィジカル・コンピューティング．

　これは，今までコンピュータ開発に関わりのない人にも向けられるもので，この思想の誕生により，誰でも簡単に電子回路を扱って新しいものづくりできる仕組みが誕生してきました．

Hobby Electronics
（趣味の電子工作）

　電子工作と聞いて，どんなものをイメージしますか？

　電子工作の組み立てキットを買ってきて組み立てたり，はんだ付けして基板を作ったりすることを思い浮かべると思いますが，最近の電子工作はマイコンのプログラムを書いて動かしたり，はんだ付けしない工作も増えてきています．

Everyone, easily
（誰でも簡単に）

　この本では，「誰でも簡単に」ということで，電子工作の本には必ずといってよいほど掲載されている回路図（電子回路の構成を記号で示す図）は載せていません．その代わり，つなぎ方は写真や図で説明しています．

（a）パッケージの中身．mbed本体のほか，USBケーブル，端子の説明カード，mbedシールが付属している

（b）mbedでHello World!．LEDが点滅している

写真1　Rapid Prototyping Tool mbedの外観

第1章 三人寄れば文殊の知恵
ソーシャル電子工作の世界

● 電子工作ブーム到来！

　今，電子工作がブームであることをみなさん知っていますか？これまでに，1940年代頃から何度かあった電子工作ブーム．インターネットがあたりまえのように身の回りにある今では，それを活用した電子工作がブームのきっかけとなっています．

　インターネットを活用すると情報の共有と検索，それらを応用したコミュニケーションがスムーズに行えることはみなさん体験していると思います．何かわからないことがあるときはインターネットでキーワード検索し，情報が載っているウェブ・ページで調べることができます．

　しかし，それだけではありません．

　例えば，自分でウェブ・ページやブログなどに自分で作ったモノを載せることで自分から情報を発信することができます．YouTubeやニコニコ動画などの動画配信サービスを使えば，動画でも配信できます．そこには必ずといってよいほど投稿者に対して返信できる欄があり，自分で載せた情報に対する感想やアドバイスなどの返信を受け取ることで，インタラクティブなコミュニケーションもできるようになっています(**写真1**)．

　インターネットの活用性はこれだけではありません．インターネット上のサービスの一つでUSTREAMというライブ動画配信のサービスがあるのを知っていますか？テレビの生中継のようにリアルタイムで動画を配信できるサービスですが，テレビと違うのはコメントもリアルタイムで読み書きできることです．

　その機能はつぶやきサービスであるTwitterやソーシャル・サービスと連携していて，「コメント＝つぶやき」となります．ここにはかなりの利点があり，その流れを図にすると**図1**のようになります．

　以前，電子工作を始めた中学生と小学生の兄弟がそのようすをライブ中継していたところ，夜中にもかかわらず50人以上のビューワが集まり，観ている人に教わりながら電子工作を楽しんでい

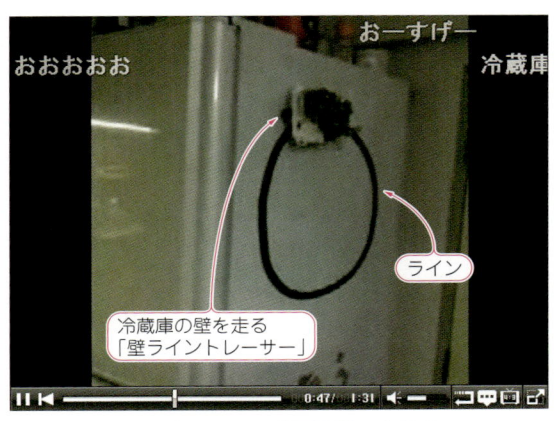

写真1　ニコニコ動画による動画配信のようす
動画の中にコメントが書き込める．

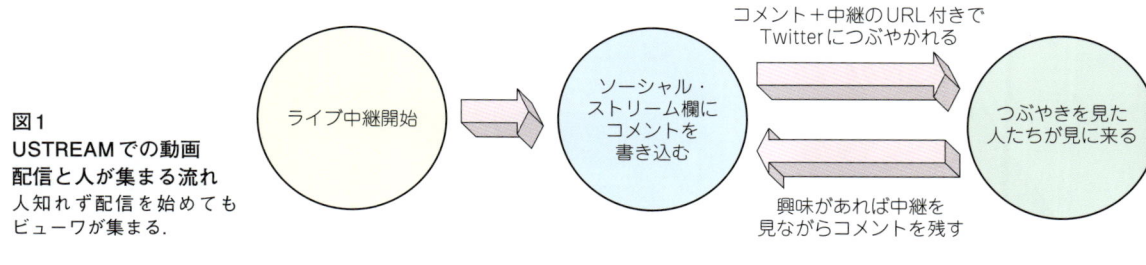

図1
USTREAMでの動画配信と人が集まる流れ
人知れず配信を始めてもビューワが集まる．

ライブ中継開始 → ソーシャル・ストリーム欄にコメントを書き込む ⇄ コメント＋中継のURL付きでTwitterにつぶやかれる／興味があれば中継を見ながらコメントを残す → つぶやきを見た人たちが見に来る

図2 教える人が集まる「逆電子工作教室」

たことがありました．このことはすごく画期的で新たな楽しみ方の一つだと思いました．それ以来，同じような中継を行う人を見かけるようになり，一部では教わる人が集まるのではなく，教える人が集まることから，逆電子工作教室と呼ばれているようです(図2)．

そして，コミュニケーションの場はインターネット上だけではなく，インターネットからリアルにつながる場として，最近では電子工作に関するコミュニケーション・スペースがオープンしています．その中の二つを紹介します．

図3 「はんだづけカフェ」の公式サイト(http://handazukecafe.com/)
24時間，中のようすが中継されている．

第1章 ソーシャル電子工作の世界

◆ はんだづけカフェ ◆

「はんだづけカフェ」は，東京・秋葉原近くの末広町にある㈱スイッチサイエンスが運営しています．はんだづけカフェは，電子工作のコミュニケーション・スペースで，場所や工具を無料で利用できます．中のようすが24時間中継されているので，行く前にようすがうかがえます（**図3**）．

> ◎ はんだづけカフェ
> 〒101-0021　東京都千代田区外神田6丁目
> 　　　　　　11-14 3331 Arts Chiyoda #307
> 営業時間：平日　　　　18:00～20:30
> 　　　　　土日祝日　　13:00～18:00
> 公式Twitterアカウント：@handazukecafe

◆ mbed祭り ◆

「mbed祭り」は年に数回開催されるmbedユーザによるイベントです．公式のmbed開発チームやユーザによるプレゼン，初めて触る人向けのmbed体験，協賛社からのプレゼント抽選会などが楽しめる会です（**図4**）．参加は無料で，誰でも気軽に参加できます．

> ◎ mbed祭り
> 　年に数回，東京，横浜，大阪，名古屋，札幌なおで開催
> 　イベントの開催情報
> URL：http://mbed.org/forum/ja/topic/2540/
> 公式Twitterハッシュ・タグ @mbed_fest

図4　2013年夏にアーム株式会社で開催されたmbed祭り inYokohama
ゲストとして英国からmbed開発チームが来日

図5
簡単に電子工作を始められる
ツール mbed

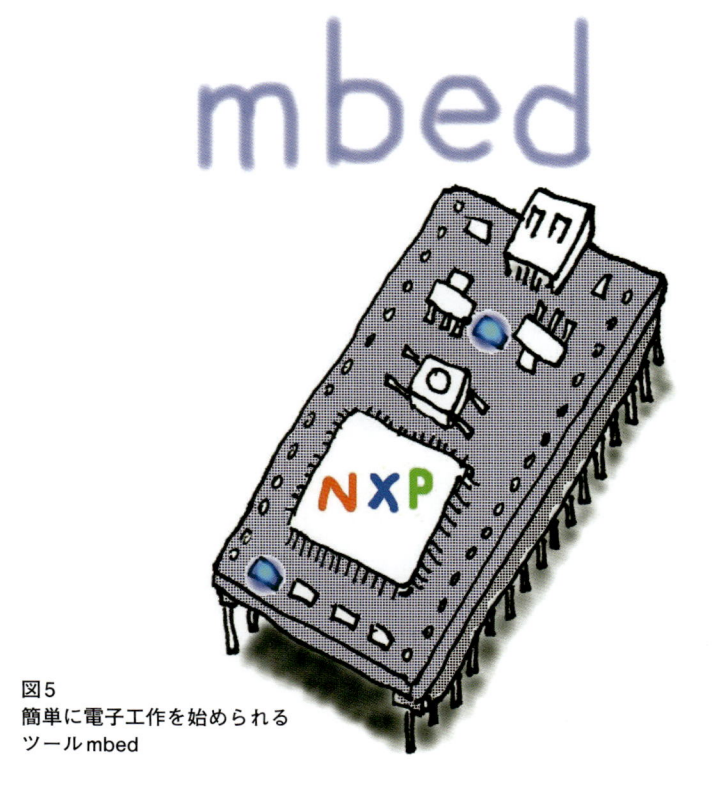

　これらのUSTREAMとTwitter，電子工作系カフェは，コミュニケーションしながら電子工作を楽しんで活用できる場になっています．そこで私は，「人と人がつながり，楽しく電子工作をする」というのを推奨するために，ソーシャル電子工作という言葉を作りました．これに関しては第5章を参照ください．

　ここまで，インターネット技術が起因になった電子工作ブームについて書きました．これから電子工作を始められる方，ちょっと興味はあるけどまだわからないという方に対して，「そもそも電子工作を始めるきっかけって何？」というところから，本書のメイン・テーマの簡単に電子工作を始められるツールmbedについて紹介していきます（図5）．

● **電子工作（ものづくり）に至る発想**
　いろいろ便利なものがあふれる世の中．例えば，家電製品はメーカが次々と新しい発想の製品を開発し販売しています．しかし，それらを使っていると「機能がイマイチだな」とか「こんな機能あったらな」と感じたりすることがあると思います．さらには，生活の中で不便を感じたときは，「こんなモノがあったら便利だな」と発想する人もいるかと思います．

　メーカではさまざまな試行錯誤を繰り返して開発していると思いますが，売れるものを作らなくてはならないので，開発したものは誰もが使えなくてはならないでしょう．そのため，試作段階では思い切った発想の機能や試作品があっても，製品では削減されていることが多いでしょう．

　私の場合は，「こんなモノがあったら便利だな」と思ったとき，じゃあ作ってしまおうという発想になることがあります．そんな勢いで私が作ったものを一つ紹介します（**写真2**）．
　唐突に写真と名前で紹介しましたが，これだけでは何かわかりませんよね．これは私が生活の中で不便に思ったことを改善するために形にしたも

第1章 ソーシャル電子工作の世界

(マイコンはArduino)
(インターネットにつなぐ)
(タッチ・パネル付きカラー液晶)

写真2 冷蔵庫駄々もれネット・ガジェット「フリーザーなう」
これは何をするもの？？？

ので，世界に一つしかないものです．

　ある日，近所のスーパで買い物をしていて卵を見たときに，「そういえば卵まだあったかな～」と思いつつとりあえず買いました．しかし，家に帰ると冷蔵庫にはいっぱい卵がありました．そこで私は，「買い物中でも冷蔵庫の中身がわかればこんな事態は起きない！」と思い，得意の電子工作を駆使して冷蔵庫の中身をTwitterでつぶやき（インターネット上に公開），出先で携帯を見れば冷蔵庫の中身を確認できるという，この「フリーザーなう」を作りました（詳しくは私のウェブ・ページhttp://jksoft.cocolog-nifty.com/を参照）．

　私の場合は，昔から趣味で電子工作を楽しんできたので，「発想」からすぐ「作る」という行動に移

りました．でも，決して難しい知識や多くの経験がないとできないことではありません．

● 難しそう？電子工作

　電子工作と聞いて，なんだか難しそうという印象を受ける人は多いと思います．確かに電子回路を理解して，ゼロから新しいものを組み立てるにはそれなりの知識を必要とするでしょう（**図6**）．ましてや，思い通りのモノを作るにはマイコン（小さい規模のコンピュータ）とプログラミングによって実現する場合が多いため，プログラミングも勉強する必要があります．

　電子工作好きには電子回路の動きを理解して，組み立てる達成感を感じる楽しみ方ももちろんあると思いますが，私の前例のように電子工作自体をしたいというよりも，簡単に電子工作を楽しんでオリジナルなものを作りたいという要求もあると思います．

　最近では，電子回路の難しい理論を理解しなくても，簡単に始められるプロトタイピング・ツールやフィジカル・コンピューティング・ボードというものがいろいろと出ています．これらは，完成しているマイコン・ボードと簡単に機能が拡張できる基板などで構成され，値段も安価なものとなっています．また，プログラミング環境も無料で使い方も簡単です．その一つがmbedになります．まずは，そのmbedの始め方から紹介していきます．

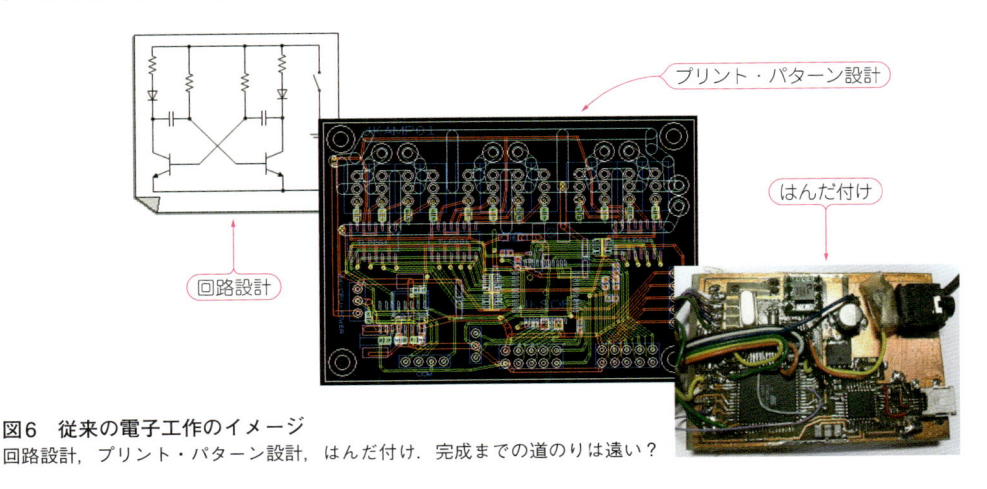

(プリント・パターン設計)
(はんだ付け)
(回路設計)

図6 従来の電子工作のイメージ
回路設計，プリント・パターン設計，はんだ付け．完成までの道のりは遠い？

11

1.1 始めるには何が必要？

● 必要なものは二つだけ

まず，mbedを始めるには以下のものが必要になります．

○mbed本体（**写真3**）
　通販などで約6,000円にて購入できます．
○インターネットにつながるパソコン
　WindowsでもMacでもLinuxでもOK

たったこれだけです．プロトタイピング・ツールはほかにもいくつかありますが，mbedの場合はプログラミング環境がインターネット上にあるのでパソコンに何もインストールする必要がなく，インターネット・ブラウザ（Internet Explorer，Chrome，Firefox，Safariなど）さえがあればよいです．

ただし，これらのブラウザ以外やブラウザのバージョンが古すぎると対応していない場合があるので，その場合は上記のブラウザで最新のものにバージョンアップしてください[注1]．本書ではWindows XPのパソコンでChromeブラウザを使って説明していきます．

写真3　ラピッド・プロトタイピング・ツールmbed
即行で試作品が作れるツール（粘土でモデルを作るようなもの？）．

1.2 ユーザ登録の方法

● mbed内のリンクをクリック

mbedを箱から取り出したら，まずはパソコンにつなげてみましょう．USBメモリのようにパソコンのUSBとつなぐだけです（**写真4**）．

mbedをパソコンとつなげるとUSBメモリのようにドライブとして認識されます（**図7**）．そのドライブの中にはファイルが一つあります．以降，このドライブを「mbedドライブ」と呼びます．

mbedドライブの中のMBED.HTMというファイルをクリックすると，標準のブラウザで指定されているブラウザで，図8のようなウェブ・ページが開かれます．

写真4　パソコンとつなげるだけ!!

注1：2010年9月現在，ゲーム機のブラウザでは対応していなかった．インターネットにつながってブラウザとUSBを持つ機器なら対応の可能性もあり？

第1章　ソーシャル電子工作の世界

　Aをクリックするとユーザ登録画面へ行きます．ユーザ登録が済んでいれば，Bに登録したユーザ名かメール・アドレス，Cにパスワードを入力してDをクリックすればログインすることができます．

　図9がユーザ登録の画面です．表1の項目を入力して，[Signup]ボタンをクリックしてください．

　他のユーザとメール・アドレス，またはユーザ・ネームが同じでなければ登録することができます．

　ユーザ登録をすると登録したメール・アドレス宛に確認のメールが届きます．

表1　ユーザ登録画面の入力項目と説明

①	メール アドレス	メッセージや更新情報がメール・アドレス宛に届く
②	ユーザー名	ログインする際に入力する名前
③	パスワード	ログインする際に入力するパスワード
④	パスワードの確認	③のパスワードと同じものを入力する
⑤⑥	ファーストネーム，姓	登録した際，他のユーザにも表示されるので，本名を公開したくない場合はハンドル・ネームにした方がよい
⑦	私がすることに同意	利用規約に同意できる場合はチェックを入れる．チェックを入れないとユーザ登録ができない．

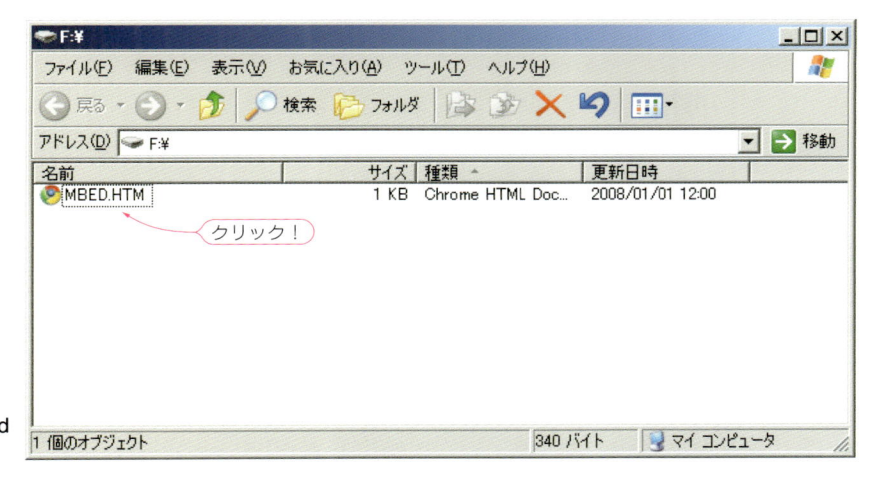

図7
ドライブとして認識されたmbed
ドライブの中にはファイルが一つ．

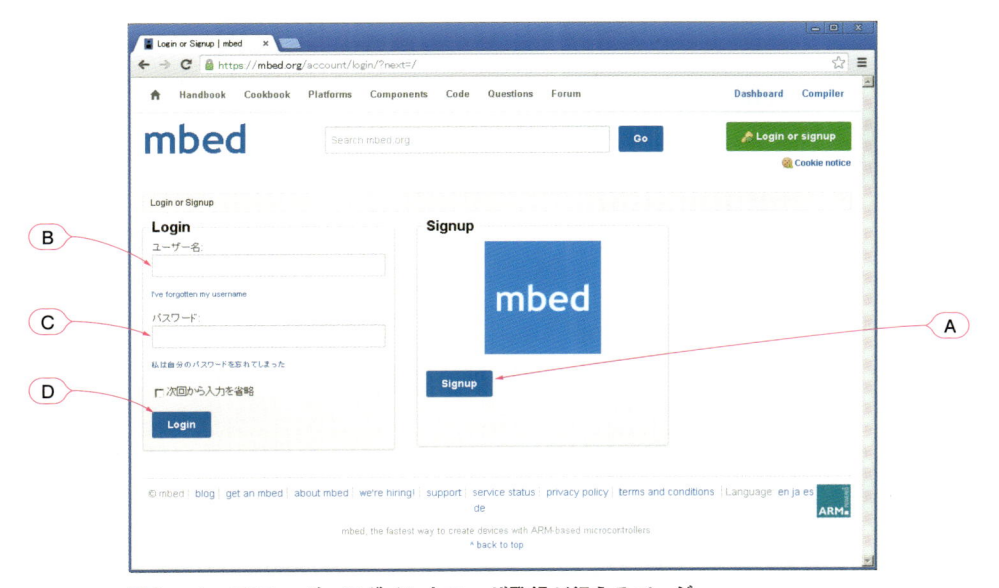

図8　mbedのユーザ・ログインとユーザ登録が行えるページ
ブラウザによって若干画面が異なる．

13

図9 ユーザ登録画面

　ユーザ登録はmbedを持っていなくても，誰でも行うことができます．ただし，同じメール・アドレスで登録できるのは1回までです．

　ユーザ登録すると，以下のサービスが利用できるようになります．

- プログラム開発環境
- マイ・ページでプロフィールの公開
- ノートブックの公開

1.3 ちょーかんたんLEDチカチカ

● まずは動かしてみよう

　ユーザ登録が完了したらまずは動かしてみましょう．mbed上には四つのLEDが並んでいます（**写真5**）．まずはこれを一つ光らせてみます．

　ユーザ登録が完了した後は次のURLのホームページ（https://mbed.org/handbook/mbed-NXP-LPC1768-Downloading）で動作確認用のファイル

写真5　mbedに搭載されている四つのLED
プログラムによって自由に光らせることができる．

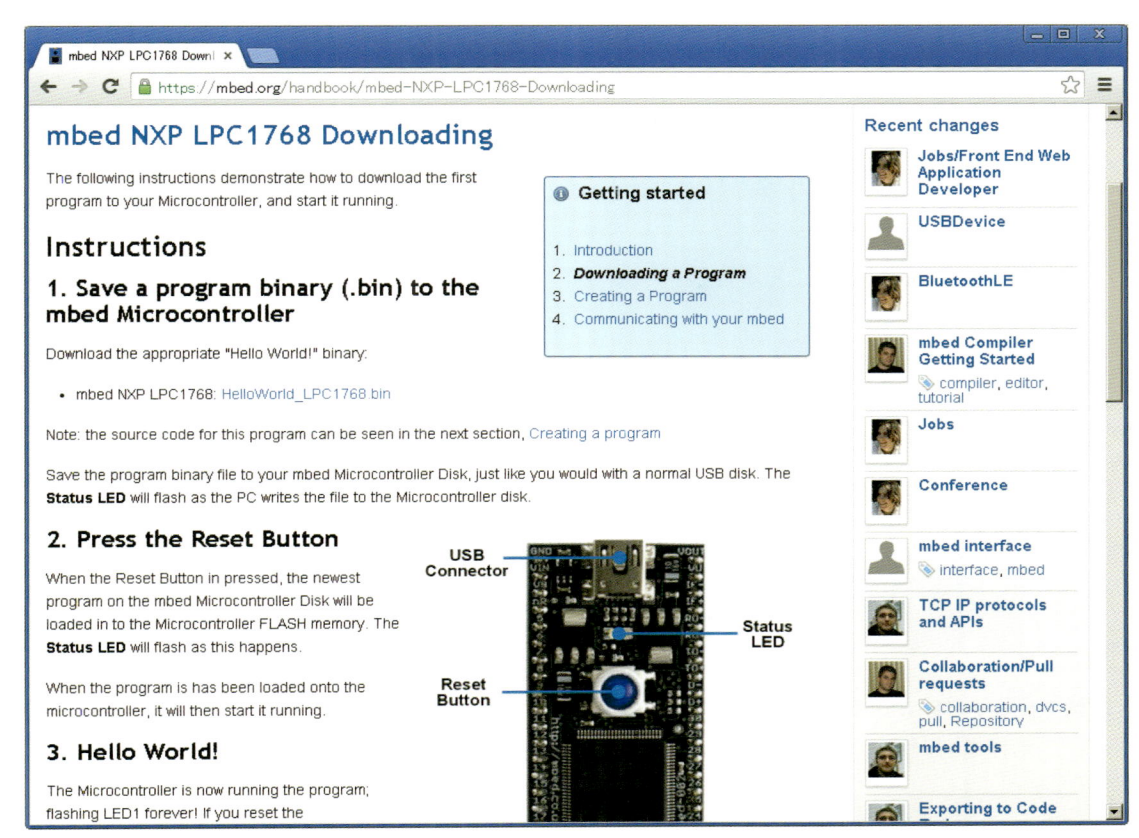

図10 ユーザ登録完了後，表示されるページ
動作確認用のプログラムをダウンロードできる．

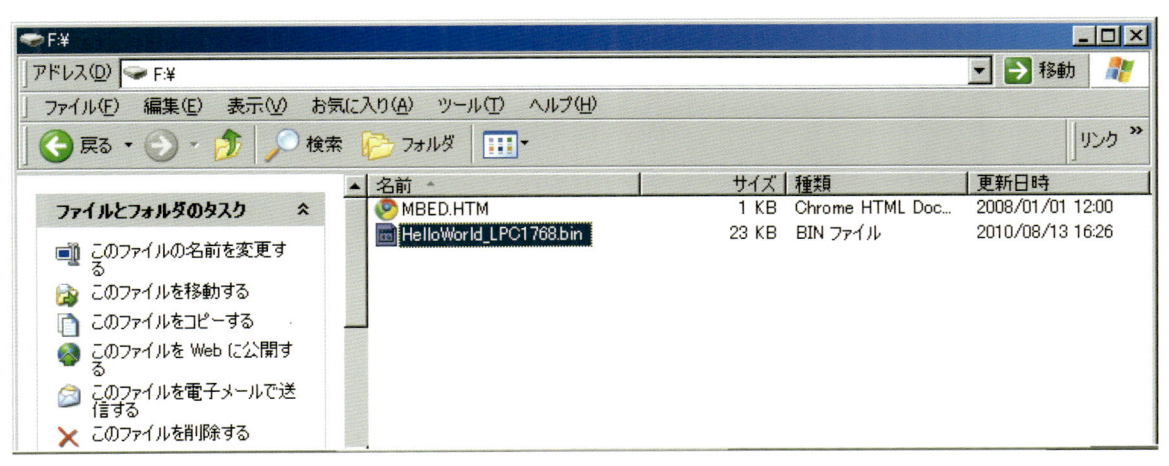

図11 mbedドライブに入れたHelloWorld.binファイル

がダウンロードできるようになっています（図10）．

「HelloWorld.bin」をクリックするとダウンロードが始まります．そしてダウンロードしたファイルをmbedドライブに入れて，mbed上のプッシュ・スイッチを押してください（図11，写真6）．

写真7のようにLEDが点滅したら成功です．ここでは既存のプログラムを入れて動かしましたが，自分でプログラミングして動かす手順もいっしょです．

写真6 ファイルを入れたらmbed上のプッシュ・スイッチを押す

写真7 LEDが光りだした

1.4 勘でプログラムを変えてみよう

● 白紙からじゃないmbedプログラミング

mbedの動作確認が済んだところで，今度は実際にプログラムをいじってみましょう．

ログインした状態の画面右上の「Compiler」をクリックしてください．そうすると，図12の画面が出てきます．

まずはプロジェクトを作ります．①の［New］をクリックすると，図13の画面が出てきます．

この画面でプログラムの名前を入力し，［OK］をクリックすればプログラムができます．プログラムの名前やこのプログラミング環境では全角文字は使用できません．今回は半角文字で「test」としています．

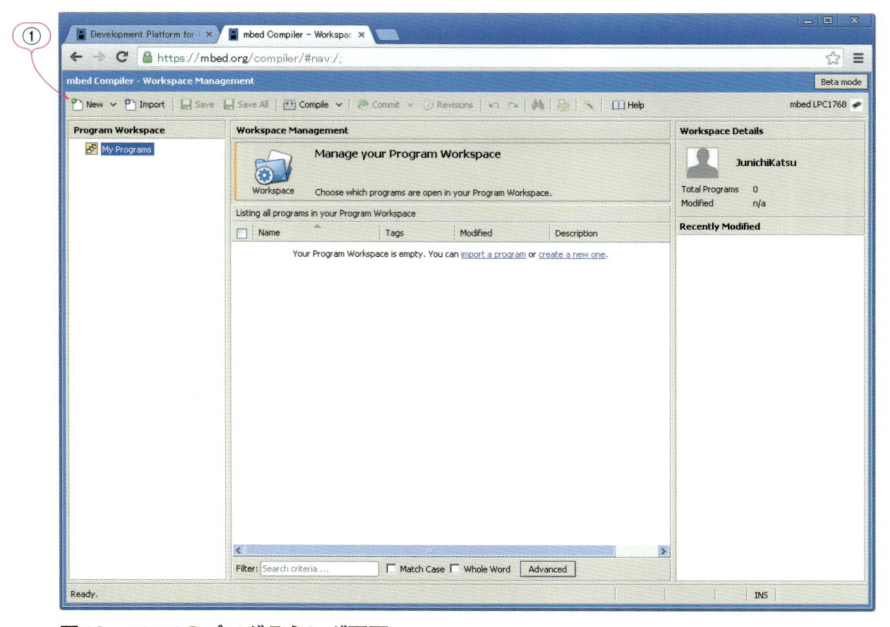

図12 mbedのプログラミング画面

16

第1章 ソーシャル電子工作の世界

プログラムを作成すると図14のようになります．「main.cpp」というところをクリックすると図15のようにプログラムが表示されます．mbedのプログラミング環境では最初からプログラムが書き込まれています．このプログラムは1.3節で動作確認したLEDが点滅するプログラムです．

このまま図15の①[Compile]をクリックすると，人間が読めるプログラムをマイコンが解読できるバイナリ形式に変換して（これを"コンパイル"という），正常に変換が終わるとダウンロードが始まります．

ダウンロードした後は，1.3節のようにmbedドライブへ入れて，mbed上のプッシュ・スイッチを押すと動かすことができます．ただし，このプログラムはHelloWorld.binと同じなので動作に変化はありません．

このプログラムについては次章で説明します．ただし，次章に入る前にこのプログラムをいじくって動きを変えてみてください．例えば，点滅の間隔を変更したり，光らせるLEDを変更したり，といったことです．プログラミング言語は勉強するよりも実際に動かしながら試した方が理解が早いと思います．以下にちょっとヒントを書きます．

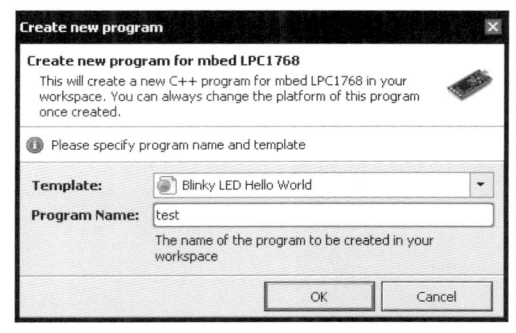

図13 プログラム名を入力

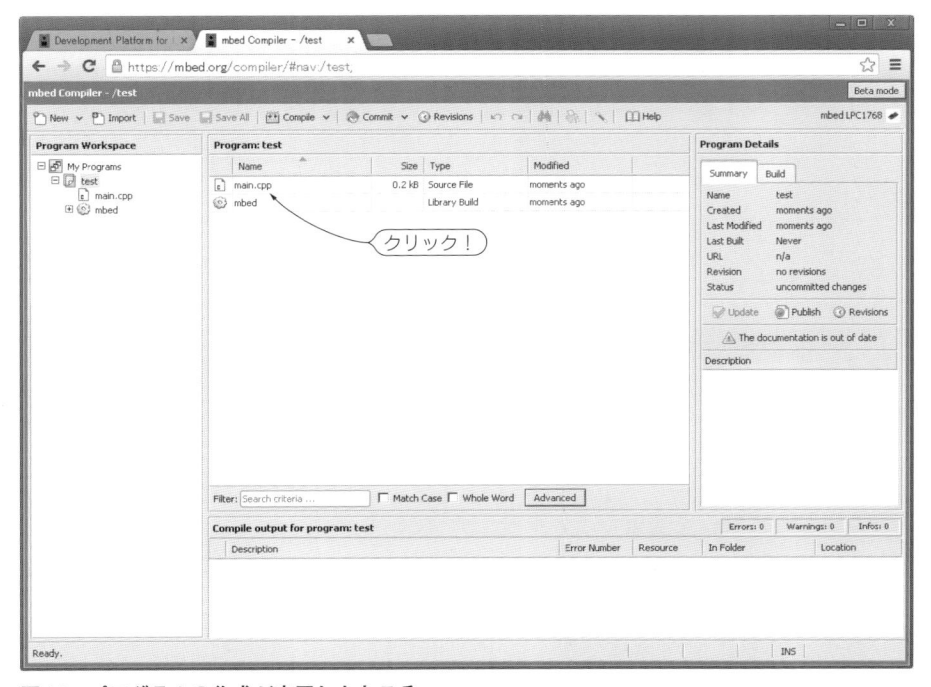

図14 プログラムの作成が完了したところ

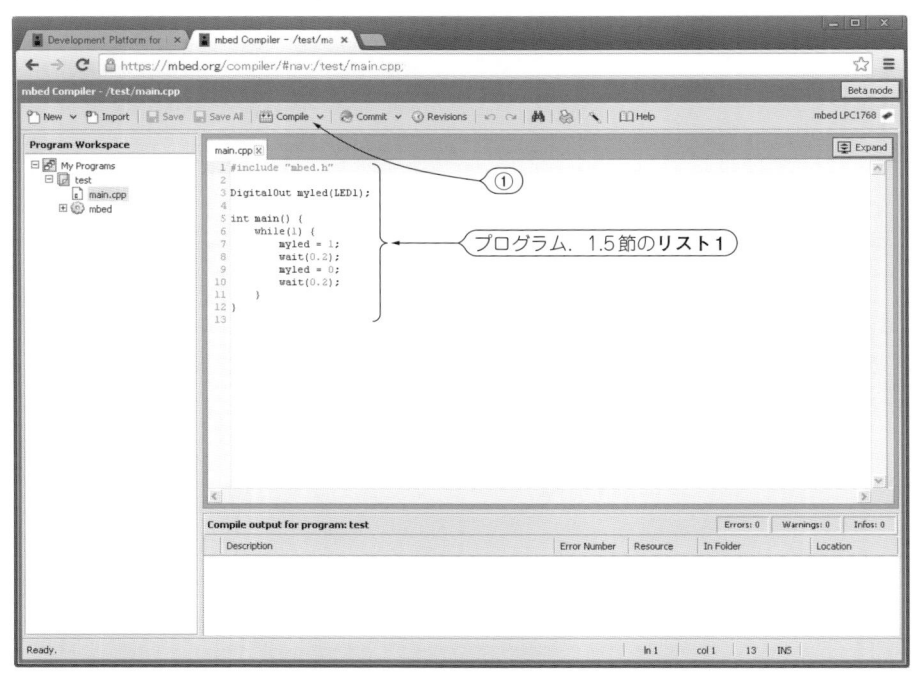

図15 最初から用意されているプログラム

☆ヒント
- このプログラムは0.2秒ごとにmbed上のLEDを点灯，消灯を繰り返すものです．
- プログラムは基本的に上から下へと実行されます．
- 各LEDは**写真8**の名前が付いています．

写真8 各LEDの名前

1.5 プログラムの書き方

● 例から学ぶC言語

プログラムを変更して，動作を変えることができましたか？ここでは，プログラムについて解説します．

mbedサイトのプログラミング環境では，C/C++言語というプログラミング言語で記述しま

す．詳しく勉強したい場合は，昔から多く使われているプログラミング言語なので参考書も豊富でしょう．

本書ではサンプル・プログラムを元にC/C++言語を簡単に説明します．まずは，プログラムを作ると最初から用意されているプログラム（**リス**

第1章 ソーシャル電子工作の世界

リスト1　最初のプログラム
（LED1が0.2秒ごとに点滅する）

```
#include "mbed.h"
DigitalOut myled(LED1);
int main() {
    while(1) {
        myled = 1;
        wait(0.2);
        myled = 0;
        wait(0.2);
    }
}
```

ト1）について解説します．

```
#include "mbed.h"
```

　この文は，mbedの機能を簡単に使う場合に必要な文です．

```
DigitalOut myled(LED1);
```

　この文は，ディジタル出力を行う場合，事前に定義する文です．
　「myled」というのは名前で，規則に従えば自由に付けることができます．その後の()の中身はディジタル出力を行いたい場所になります．他のLEDを光らせたい場合はLED2やLED4と書き込めばよいですし，mbedのピンから出力したい場合はp5やp10と書き込めばOKです．

```
int main() { ・・・ }
```

　C/C++言語においてユーザ・プログラムが始まる場所を定義するものです．
　{からプログラム最後の}までが実行されるプログラムになります．

```
while(1) { ・・・ }
```

　C/C++言語の制御文の一つで()の中身が真(1)の場合は{から}までを無限に繰り返します．

```
myled = 1;   myled = 0;
```

　C/C++言語において，=は左辺に右辺を代入するという意味になります．ディジタル出力で指定した名前に対して行うと，1はON(3.3V出力)，0はOFF(0V出力)になります．mbed上のLEDの場合は1が点灯，0が消灯になります．

```
wait(0.2);
```

　C/C++言語では関数（メソッド）という単位で処理をまとめることができます．このwait()

リスト2　最初のプログラム変更版（LED4が1秒ごとに点滅する）

```
#include "mbed.h"
DigitalOut myled(LED4); // Change LED1->LED4
int main() {
    while(1) {
        myled = 1;
        wait(1.0); // Change 0.2->1.0
        myled = 0;
        wait(1.0); // Change 0.2->1.0
    }
}
```

はmbedで初めから用意されている関数で()の中に書かれている数値分，秒単位で待つという動作をします．例えば，1秒待ちたい場合はwait(1.0)と書きます．

これらを踏まえて，最初のプログラムを変更してみましょう（**リスト2**）．

リスト2で，光るLEDと間隔が変わったはずです．

プログラムの中で変更した個所がわかるように「// Change 0.2->1.0」と書きました．これはC/C++言語でコメントを書く方法で，//と書いた後ろから改行するまでがプログラムとして無効な部分になるので，自由に書き込むことができます．ただし，この環境では全角文字（日本語）が使用できません．

それでは，もうちょっとwhile()のような制御文や関数に加え変数というものについて，サンプル・プログラムを元に説明していきたいと思います．

リスト3　if else文のサンプル・プログラム
（LED1とLED2が1秒ごと交互に点滅する）

```
#include "mbed.h"

DigitalOut led1(LED1);
DigitalOut led2(LED2);

int main() {

    int i = 0;

    while(1) {
        if( i % 2 == 0 ) {
            led1 = 1;
            led2 = 0;
        } else {
            led1 = 0;
            led2 = 1;
        }
        i++;
        wait(1.0);
    }
}
```

● if else文

この制御文は条件によって分岐するための文です．サンプル・プログラム（**リスト3**）を見てください．

```
int i = 0;
```

これが変数の宣言です．iという変数（数値の入れ物）をintという型で宣言し，初期値として0を代入するという意味です．

"intという型"と書きましたが，変数には整数を入れたり，実数を入れたり，と入れる数値に応じて変数の型というものがあります．それにつ

表2　各変数の型

変数の型名	数値の範囲	サイズ [バイト]
signed char	$-128 \sim 127$	1
unsigned char	$0 \sim 255$	1
signed short	$-32768 \sim 32767$	2
unsigned short	$0 \sim 65535$	2
int	$-2147483648 \sim 2147483647$	4
signed long	$-2147483648 \sim 2147483647$	4
unsigned long	$0 \sim 4294967295$	4
float	$1.175494e-38 \sim 3.402823e+38$	4
double	$2.225074e-308 \sim 1.797693e+308$	8

表3　算術演算子とその使用例

算術演算子	式	意味
+	i = i + 3	iに3を足してiに代入
-	i = i - 4	iから4を引いてiに代入
*	i = i * 5	iに5をかけてiに代入
/	i = i / 6	iを6で割ってiに代入
%	i = i % 7	iを7で割った余りをiに代入

表4　比較演算子とその使用例

論理式	意味と結果
A == B	AとBが同じなら真，異なれば偽
A != B	AとBが異なれば真，同じならば偽
A > B	AがBより大きければ真，それ以外なら偽
A >= B	AがB以上なら真，それ以外なら偽
A < B	AがB未満なら真，それ以外なら偽
A <= B	AがB以下なら真，それ以外なら偽

第1章 ソーシャル電子工作の世界

いては**表2**を参照してください．

```
if( i % 2 == 0 ) {
    ①
} else {
    ②
}
```

この文では()の中が真なら①，偽なら②を実行します．

`i % 2 == 0`という式の`%`は右の数値を左の数値で割った余りを求める算術演算子です．`==`は右の数値と左の数値が同じならば真，異なれば偽という結果を求める比較演算子になります．

つまり，iを2で割った余りが0(iが偶数)なら①を実行し，それ以外なら②を実行します．他の算術演算子は**表3**を，比較演算子の使用例は**表4**を参照してください．

● for文

この制御文は条件が真の間繰り返すための文です．サンプル・プログラム(**リスト4**)を見てください．

```
for( i = 0 ; i < 4 ; i++ ) {
    ①
}
```

この文の()内の`i = 0`はiを0で初期化，`i < 4`は条件式でiが4未満の場合は①を繰り返し続けるという意味，`i++`は繰り返されるたびにiを1ずつ足していくという意味です．

つまり，iは0から足されていき，4になったら繰り返しを抜けるという動作になります．結果①の処理は4回実行されます．

```
led1 = !led1;
```

これは，led1の内容を反転してled1に代入するという処理になります．つまりLEDが点灯していたら消灯，消灯していたら点灯という動作になります．

● switch case文

この制御文は式の値によって実行する処理を分ける文です．サンプル・プログラム(**リスト5**)を見てください．

リスト4 for文のサンプル・プログラム(LED1とLED2が0.5秒ごと2回ずつ交互に点滅する)

```
#include "mbed.h"

DigitalOut led1(LED1);
DigitalOut led2(LED2);

int main() {

    int i = 0;

    while(1) {
        for( i = 0 ; i < 4 ; i++ ) {
            led1 = !led1;
            wait(0.5);
        }
        for( i = 0 ; i < 4 ; i++ ) {
            led2 = !led2;
            wait(0.5);
        }
    }
}
```

```
switch(i) {
    case 1:
        ①
        break;
    case 2:
        ②
        break;
    case 3:
        ③
        break;
    case 4:
        ④
        break;
    default:
        ⑤
        break;
}
```

この文では ( ) の中の式が case の値と一致すれば，その case の処理を実行するという動きになります．この場合，break は最後の } にジャンプします．

また，default はすべての case に一致しなかった場合に⑤が実行されます．上記の例では i が 1 ならば①の処理を実行し，10 ならば⑤の処理を実行します．

リスト 5　switch case 文のサンプル・プログラム
（LED1〜LED4 が 0.5 秒ごと順に点灯，消灯する）

```
#include "mbed.h"

DigitalOut led1(LED1);
DigitalOut led2(LED2);
DigitalOut led3(LED3);
DigitalOut led4(LED4);

int main() {

    int i = 1;

    while(1) {
        switch(i) {
            case 1:
                led1 = !led1;
                break;
            case 2:
                led2 = !led2;
                break;
            case 3:
                led3 = !led3;
                break;
            case 4:
                led4 = !led4;
                i = 0;
                break;
            default:
                break;
        }
        i++;
        wait(0.2);
    }
}
```

第2章 時代はクラウド，インターネットで楽チン開発

mbedウェブ・サイトの使い方

● クラウド・コンピューティングで楽チン開発

マイコンのプログラムを開発するには，数百ページに及ぶマニュアルを読破して，数万円もする開発環境を買わなければならない，それが常識のようになっていました．

しかし，mbedの場合はそれらがすべてクラウド上にあり，無料で使用することができます．

また，作ったプログラムやそれに関するメモなどもクラウド上に保存できるので，mbedを持って行けば，インターネットにつながるパソコンがある場所ならどこでも続きを作ることができます[注1]（図1）．

2.1 最新情報をキャッチできるメイン・ページ

● 英語のページだけどビックリしないで!!!

図2がmbedサイトのメイン・ページです．mbedの開発者や各ユーザが更新している最新情報をキャッチすることができます．

また，ログイン状態では，画面右上が図3のようになります．それでは，画面について説明しましょう．

◆ メイン・ページ（図2，図3）

① Explore
mbedの魅力と始める手順が書いてあります．
② Getting Started
mbed入門の手引きが書いてあります．
③ Prototype
mbedによるプロトタイプのススメが書いてあります．

④ Production
プロトタイプから製品化するための手段が書いてあります．
⑤ 検索
mbedサイト内で共有されている情報やプログラムを検索できます．
⑥ Login or signup
ログインもしくは新規ユーザ登録ができます．
⑦ Handbook（ハンドブック）
mbed入門のための情報や標準ライブラリのリファレンスが参照できます．詳細は2.4節を参照してください．
⑧ Cookbook（クックブック）
mbedのインターフェース応用例がたくさん掲載されています．詳細は2.5節を参照してください．

注1：掲載している情報は2013年12月のものである．mbedのサイトは常に進化しているので配置などが変わる可能性がある．

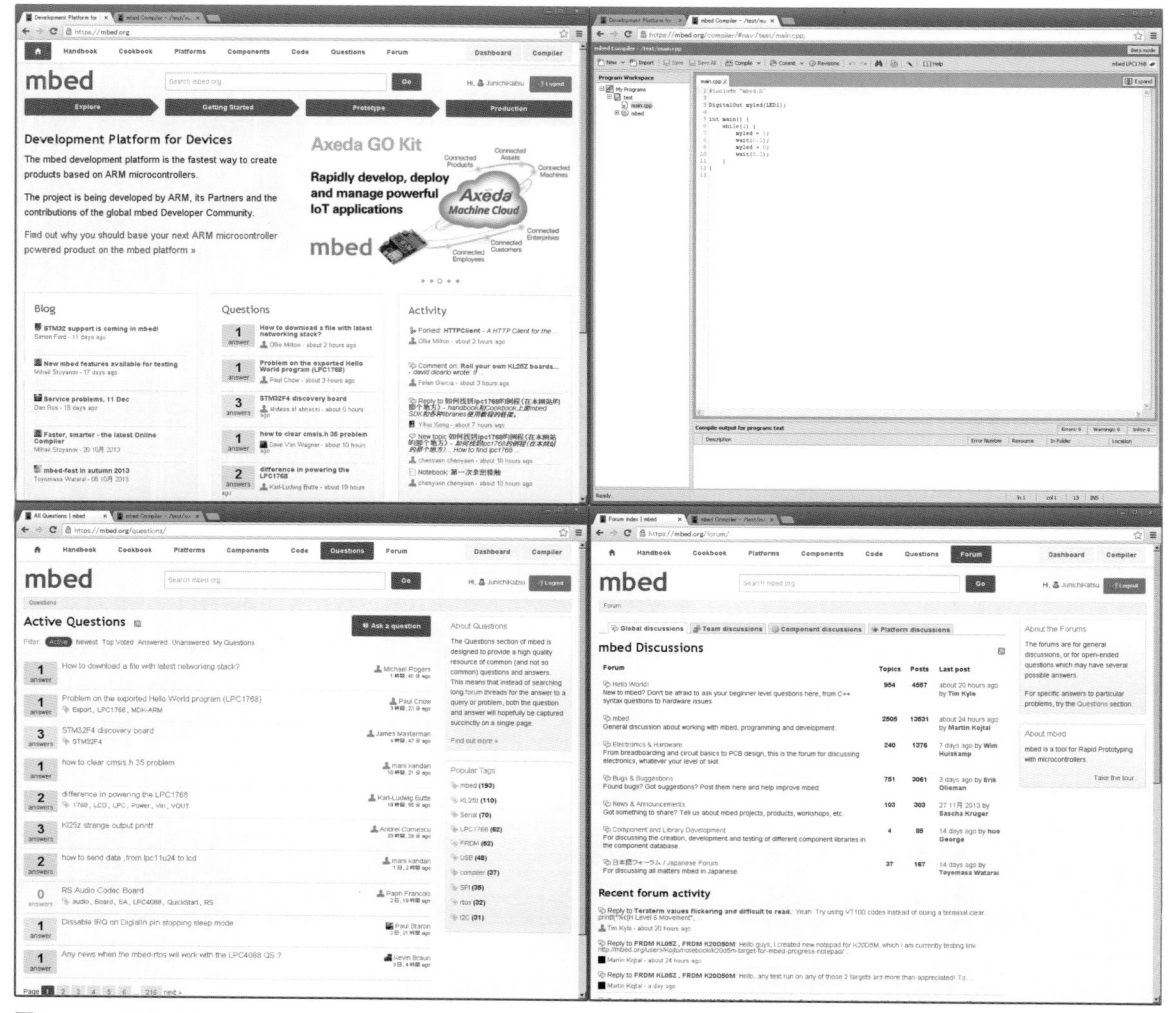

図1　mbedのサイト
開発環境とともにいろいろな情報が公開され，コミュニケーションも可能になっている．

図3　ログイン状態の画面右上
登録情報などが変更できるメニューが追加される．

⑨ Platforms
　mbed開発環境に対応したボードの一覧です．
⑩ Components
　さまざまなセンサや表示器，モータなどとmbedをつなぐための方法が紹介されています．

それぞれにライブラリやサンプル・プログラムも用意されています．
⑪ Code
　更新されたプログラムや注目が高いプログラムのリストを見ることができます．

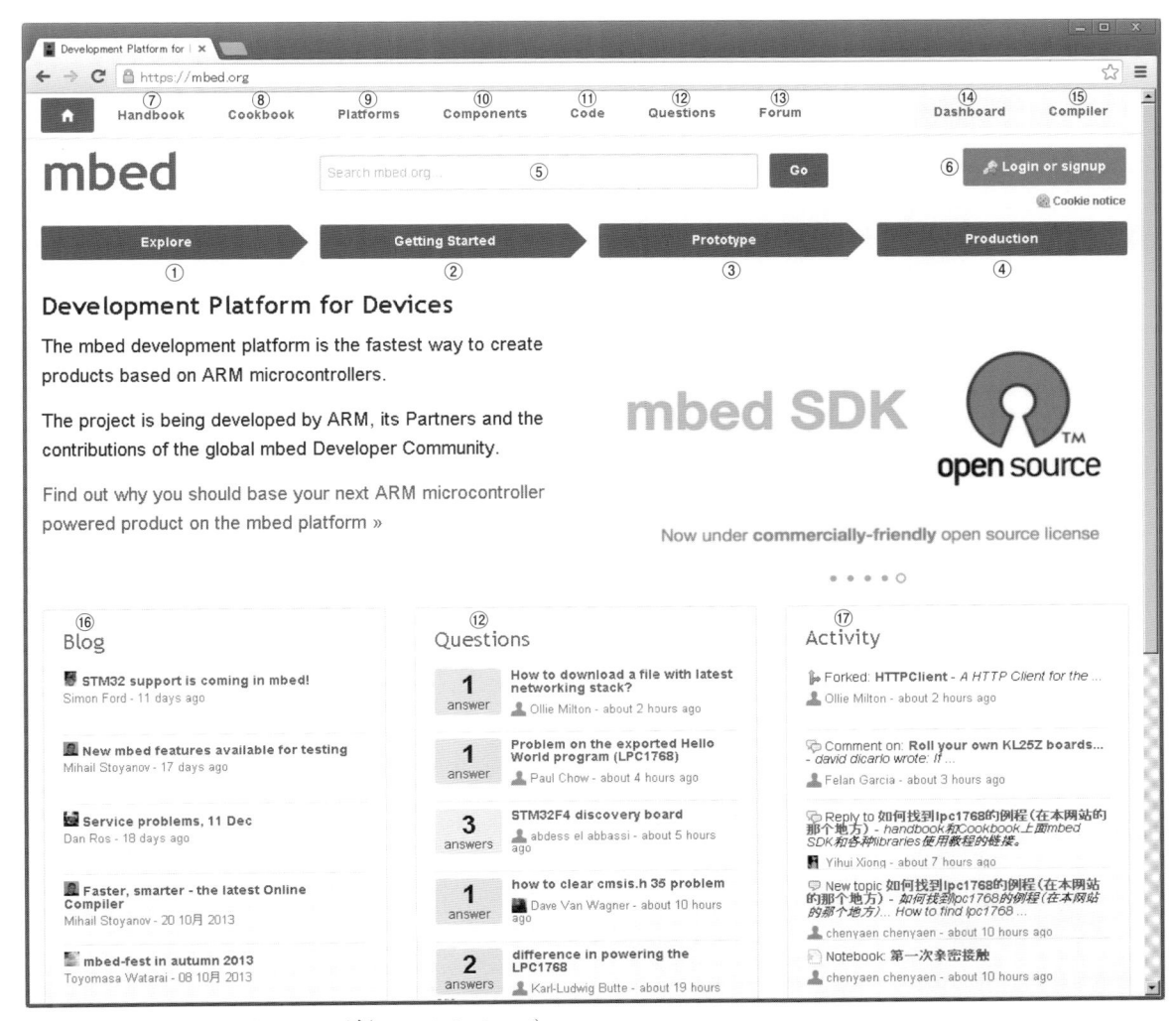

第2章　mbedウェブ・サイトの使い方

図2　mbedサイトのメイン・ページ（http://mbed.org/）
英語のページだが，本章で詳しく解説するので安心．

⑫　Questions

Q&Aです．mbedユーザどうしやmbed開発チームと質問のやりとりができます．

⑬　Forum（フォーラム）

トピックスを元に情報交換ができるページ．詳細は2.3節を参照してください．

⑭　Dashboard

アカウントでフォローしている情報を見ることができます．

⑮　Compiler（コンパイラ）

創作はここから．mbed開発環境への入り口です．詳細は2.9節を参照してください．

⑯　Blog（ブログ）

mbed開発者達のブログです．mbed関連の最新情報はここをチェックしましょう．詳細は2.2節を参照してください．

⑰　Activity

ユーザがシェアした情報の更新履歴です．

⑱　（ユーザ名）

自分のユーザ情報ページです．ユーザ情報の閲覧や変更をすることができます．詳細は2.7節，2.8節を参照してください．

25

2.2 開発者からのニュース ブログ

● サイトの更新情報をチェック

図4がブログの画面です．常に更新されているのでタイミングによって内容が異なります．このときはSTマイクロエレクトロニクスのARMプロセッサ搭載ボードが新しくmbedのオンライン・コンパイラに対応するというニュースでした．

このように，ビッグなニュースも掲載されることがあるので，更新されたら目を通してみましょう．この更新情報は登録したメール・アドレス宛にも連絡が届きます．

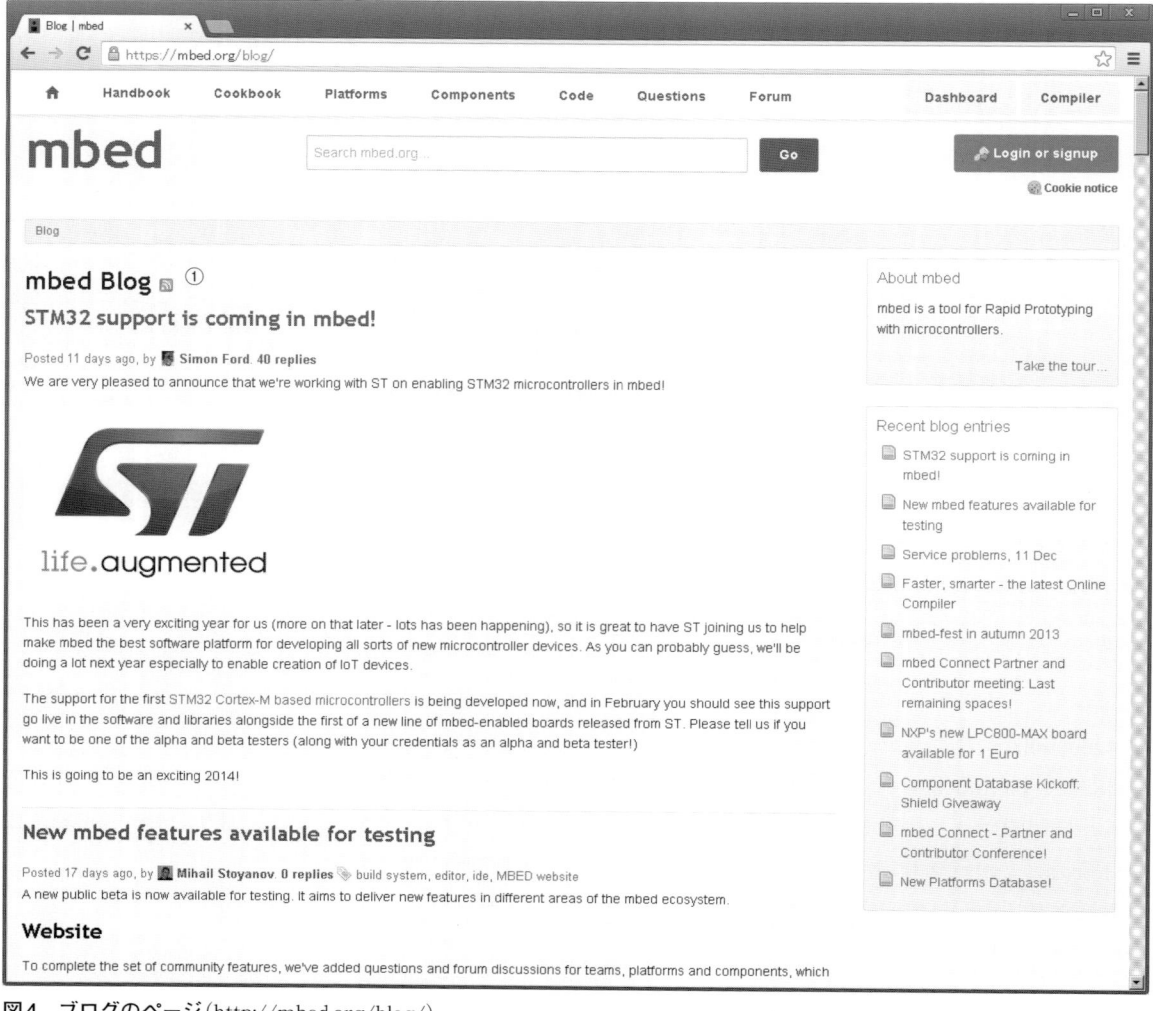

図4 ブログのページ（http://mbed.org/blog/）
mbed開発者による最新情報がブログ形式で掲載されているページ．

図5
記事上部の各ボタン
外部サイトに情報を送信できる．

また，ここで掲載されている形式は，自分でも記入できるフォーラムやノートブックでも同様のものになっています．掲載情報を外部のソーシャル・サイトにも送れるようになっています．

◆ ブログ（図4）
① RSS登録ボタン
　RSSリーダに登録することで更新情報をいち早くキャッチできます．ちなみに，"RSS"とはRDF Site Summaryの略，"RDF"とはResource Description Frameworkの略です．

◆ 記事上部の各ボタン（図5）
② 投稿日時
　記事が投稿された日時です．現在から日付が近い場合は何日前と表示されます．
③ 投稿者名
　記事を登録した人のユーザ名です．mbedサイトに登録したユーザ名が表示されます．クリックするとユーザのプロフィール・ページを見ることができます．
④ コメント数
　記事に対して，コメントがあった数です．自分の記事にコメントがあった場合は登録したメール・アドレスに連絡が来ます．
⑤ タグ
　記事の種別を表すタグです．情報を探すときにタグで検索することができます．

2.3 お題をもとに情報交換できる　フォーラム

● 聞きたい話題はトピックを立てよう
　図6がフォーラムの画面です．各フォーラムのお題に従い，トピックを立てて情報交換がユーザ間で行えます．
　わからないことや情報はタグで検索することができるので，トピックを立てる場合は過去にないかを調べてからにしましょう．
　図7は，日本語フォーラム・ページです．日本語で情報のやりとりができます．

◆ フォーラム（図6）
① Hello World!
　初心者向けのフォーラム・ページです．mbedに入門したての初心者はこちらで聞いてみましょう．
② mbed
　標準的なフォーラム・ページです．通常の話題はここです．
③ Electronics & Hardware
　基板の設計や電子回路について情報交換する場合はここに書き込みます．
④ Bugs & Suggestions
　mbedサイトでの不具合発見報告や，サイトに関して新しい提案がある場合はこちらです．
⑤ News & Announcements
　mbedに関するニュースや新しい発見があった場合はこちらに書き込んでみよう．
⑥ フォーラム　Component and Library Development
　mbedサイトのComponentsに公開されているコンテンツやライブラリに関して情報交換をする場合はここに書き込みます．
⑦ 日本語フォーラム
　日本語で情報交換できるフォーラムです．

◆ 日本語フォーラム・ページ（図7）
⑧ 新規トピックボタン
　既出していない話題はここから作成します．
⑨ トピック
　ユーザによって立てられたトピックです．

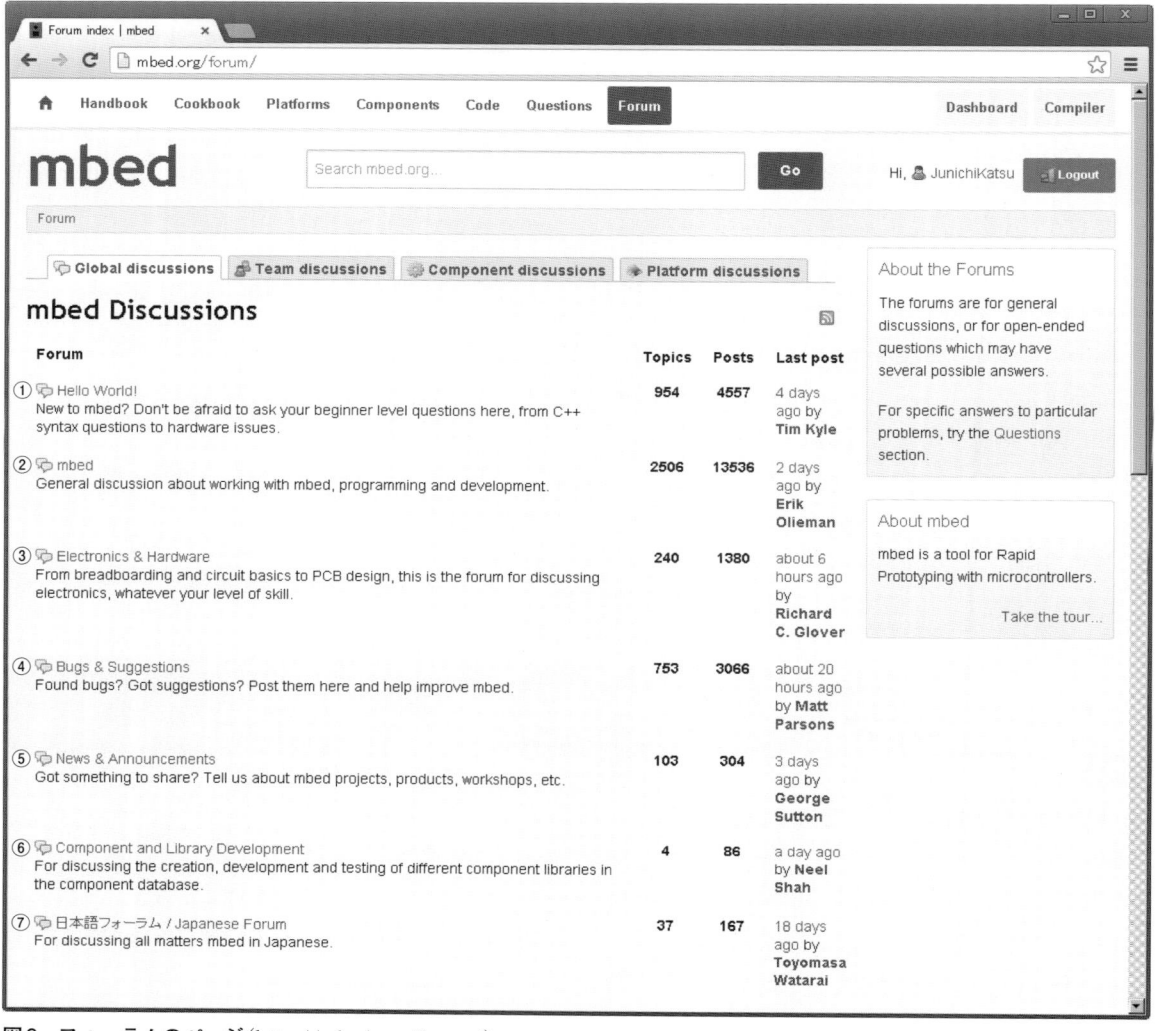

図6　フォーラムのページ（http://mbed.org/forum/）
タグで検索して，過去の情報もチェック．

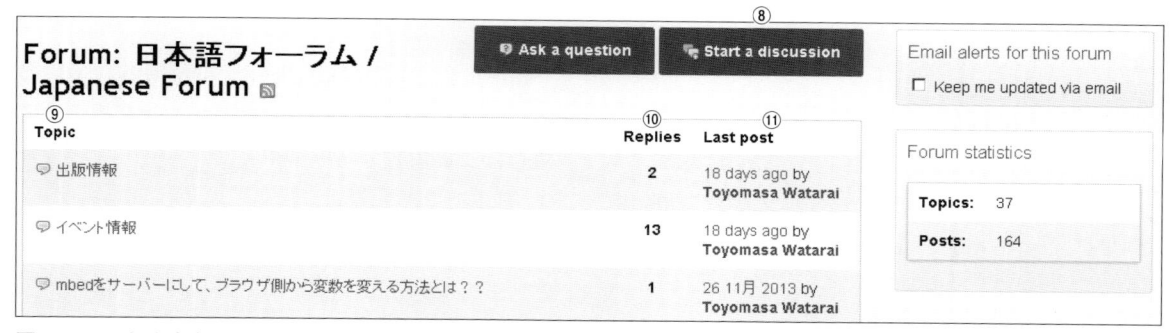

図7　mbed初心者向けのフォーラム・ページ
ほとんど英語での投稿だが，日本語でも投稿できる．

⑩ コメント数
　トピックに対してコメントのあった数です．

⑪ 最終日時
　投稿やコメントがあった，最終日時．投稿は最新順に上から表示されます．

2.4 お手本を見てみる？　ハンドブック

● お手本付きの標準ライブラリ・リファレンス

　図8のハンドブックのページには，mbedを始めるためのスタートアップ・ガイドや標準ライブラリのリファレンス・ガイドなどへのリンクがあります．各項目を説明しましょう．

◆ ハンドブック（図8）

① Introduction
　mbedについてのイントロダクションが紹介されています．mbedの標準ライブラリはオープン・ソースになっています．それについてもここに書かれています．

② Getting Started
　mbedのスタートアップ・ガイドです．

③ mbed Library reference
　mbedの標準ライブラリのリファレンスです．概略は表1を参照してください．いくつかの詳細は付録Bに載せています．

　図9はDigitalOutのページです．このクラスのAPIやサンプル・プログラムが掲載されています．

2.5 魅力的な応用例たくさん　クックブック

● TwitterやSDカード・アクセスに関するライブラリもある

　図10（p.34）はクックブックです．このページにはmbedのさまざまな応用例があります．また，それらはライブラリ化して配布されているので，再利用できます．

◆ クックブック（図10，図11）

① Introduction and Help
　このクックブックについて書かれています．

② Components and Libraries
　さまざまな応用例が掲載されています．種別ごとの項目は表2（p.35）を参照してください．いくつかの詳細は付録Cに載せています．

　クックブックのライブラリには魅力的でいろいろ応用できそうなライブラリがそろっています．表2の中のパーツはいくつか日本の通販サイトでも手に入れることができます．それについては表3（p.32）を参照してください．

③ Table of Contents
　表2の各項目にジャンプできるリンクです．

④ Baseboards
　mbedに対応したベースボードが紹介されています．

⑤ Breadboards & Breakout Boards
　ブレッドボードとブレッドボードに対応したブレイクアウト・ボードが紹介されています．ここを参考にすればはんだ付けせずに回路を組み立てることができます．

⑥ Reference, Tutorials and Examples, Events
　mbedに関する本やイベント，チュートリアル，リファレンスなどが紹介されています．

　クックブックはユーザによる変更も可能になっています．紹介したものは2013年12月のもので，どんどん新しいレシピが増えています．

図8 ハンドブックのページ（http://mbed.org/handbook/）

表1 標準ライブラリ

種類	クラス名	説明
Digital I/O（ディジタルI/O）	DigitalOut	指定したピンやLEDで，ディジタル出力が行える．p5〜p30，LED1〜4を指定できる．
	DigitalIn	指定したピンで，ディジタル入力が行える．p5〜p30を指定できる．
	DigitalInOut	指定したピンで，ディジタル入出力が行える．p5〜p30を指定できる．
	BusIn	複数のピンで，ディジタル入力が行える．p5〜p30を指定できる．
	BusOut	複数のピンやLEDで，ディジタル出力が行える．p5〜p30，LED1〜4を指定できる．
	BusInOut	複数のピンで，ディジタル入出力が行える．p5〜p30を指定できる．
	PortIn	複数のピンで，ディジタル入力が行える．同じポートを指定することでBusInより高速．p5〜p30を指定できる．
	PortOut	複数のピンやLEDで，ディジタル出力が行える．同じポートを指定することでBusInより高速．p5〜p30，LED1〜4を指定できる．
	PortInOut	複数のピンで，ディジタル入出力が行える．同じポートを指定することでBusInより高速．p5〜p30を指定できる．
	PwmOut	複数のピンやLEDで，パルス出力が行える．p5〜p30，LED1〜4を指定できる．
Analog I/O（アナログI/O）	AnalogIn	指定したピンで，アナログ入力が行える．p15〜p20を指定できる．
	AnalogOut	指定したピンで，アナログ出力が行える．p18を指定できる．
Officially supported networking libraries（公式サポートのネットワーク・ライブラリ）	Networking	LANやWi-Fiなどを使ったネットワークに関連するライブラリ．TCP/IP通信が行える．
Communication Interfaces（通信インターフェース）	Serial	指定したピンで，シリアル(RS-232-C)通信が行える．p9, p10もしくはp13, p14もしくはp27, p28が指定できる．
	SPI	指定したピンで，SPI(マスタ)通信が行える．p5, p6, p7もしくはp11, p12, p13が指定できる．
	SPISlave	指定したピンで，SPI(スレーブ)通信が行える．p5, p6, p7もしくはp11, p12, p13が指定できる．
	I2C	指定したピンで，I^2C(マスタ)通信が行える．p9, p10もしくはp28, p27が指定できる．
	I2CSlave	指定したピンで，I^2C(スレーブ)通信が行える．p9, p10もしくはp28, p27が指定できる．
	CAN	指定したピンで，CAN通信が行える．p9, p10もしくはp29, p30が指定できる．
	USBDevice	D+，D-とパソコンなどのUSBホストへつなげばmbedをUSBデバイスとして認識させることができる．マウスやキーボード，MIDI機器として動作させるライブラリなどが用意されている．
	USBHost	D+，D-とUSBデバイスを繋げばUSBデバイスと情報をやり取りできる．USBマウスやUSBキーボード，USBメモリ等を繋げられるライブラリが用意されている．
	Ethernet	TD+，TD-，RD+，RD-にパルストランス内蔵のLANコネクタをつなげばイーサネット通信が行える．
Time & Interrupts（タイマ＆割り込み）	Timer	時間を計ることができる．
	Timeout	指定した時間で割り込みを入れることができる．
	Ticker	一定の周期で割り込みを入れることができる．
	InterruptIn	指定したピンで，割り込み入力をすることができる．p5〜p18, p21〜p30が指定できる．
Other（その他）	LocalFileSystem	ファイル・アクセス関数でmbedドライブの中のファイルにアクセスできる．

(a) API，インターフェースなど

図9 標準ライブラリ DigitalOut のページ

表3 各パーツの通販サイト

パーツ名と型番		販売店と URL	
キャラクタ液晶モジュール	超小型LCDキャラクタディスプレイモジュール	秋月電子通商	http://akizukidenshi.com/catalog/g/gP-01675/
ディジタル・サーボ	Dynamixel AX12	ベストテクノロジ	http://www.besttechnology.co.jp/modules/onlineshop/index.php?fct=photo&p=1
熱電対温度センサ	MAX6675	スイッチサイエンス	http://www.switch-science.com/products/detail.php?product_id=146
3軸加速度センサ	ADXL345	スイッチサイエンス	http://www.switch-science.com/products/detail.php?product_id=215
ディジタル・コンパス・モジュール	HMC6352	スイッチサイエンス	http://www.switch-science.com/products/detail.php?product_id=55
温度センサ	TMP102	スイッチサイエンス	http://www.switch-science.com/products/detail.php?product_id=258
3軸ディジタル・ジャイロ	ITG-3200	ストロベリーリナックス	http://strawberry-linux.com/catalog/items?code=18123

Interface

The DigitalOut Interface can be used on any pin with a blue label, and also with the on-board LEDs (LED1-LED4)

The DigitalOut Interface can be used to set the state of the output pin, and also read back the current output state. Set the DigitalOut to zero to turn it off, or 1 to turn it on.

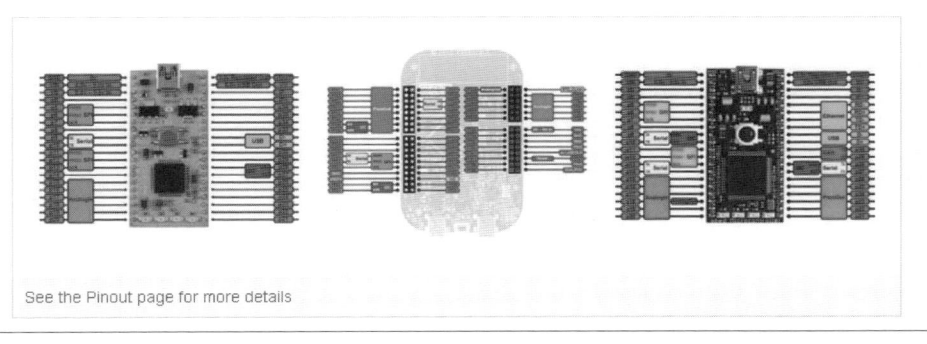

See the Pinout page for more details

(b) 詳細と例

④ Baseboards

- mbed Application Board
- HitexMatrix - A low cost prototyping board with SMT footprint for most major devices and a matrix area on 0.1" pitch.
- RS EDP - A professional embedded development platform for educational and professional use.
- Embedded Artists Baseboard
- Cool Components Workshop Board
- StarBoard Orange
- SKPang Dev Board
- NGX mX Baseboard
- Smartboard - A compact general purpose baseboard with Ethernet, USB Host, RS232, I2C, CAN, microSD, PWM, Analog and more.
- Celeritous Baseboard Announcement New US designed & distributed mbed baseboard with many peripherals.
- Mission: Cognition Baseboard Discontinued.
- White Wizard Board - A new style of baseboard.
- TestBed for mbed - Baseboard with Ethernet, CAN, micro SD card, support of Arduino Shields and many more
- LandTiger LPC1768 board
- Simplest Baseboard
- LPC11U24 µcro board - LPC11U24 mini mbed, from prototype to mini hardware
- MCU Gear - Reconfigurable mbed's IOs.

⑤ Breadboards & Breakout Boards

- Solderless Breadboards - What is available and where to find it.
- Individual Connector Breakout Boards - Ethernet, USB, CAN, PS/2, RS-232, microSD, Smart Card, SIM, VGA, and audio connectors
- IC, Sensor, and Driver Breakout Boards - What is available and where to find it.

⑥ Reference, Tutorials and Examples, Events

This section is for the sort of reusable information that can help you get your job done.

図11 クックブックの一部(http://mbed.org/cookbook/)

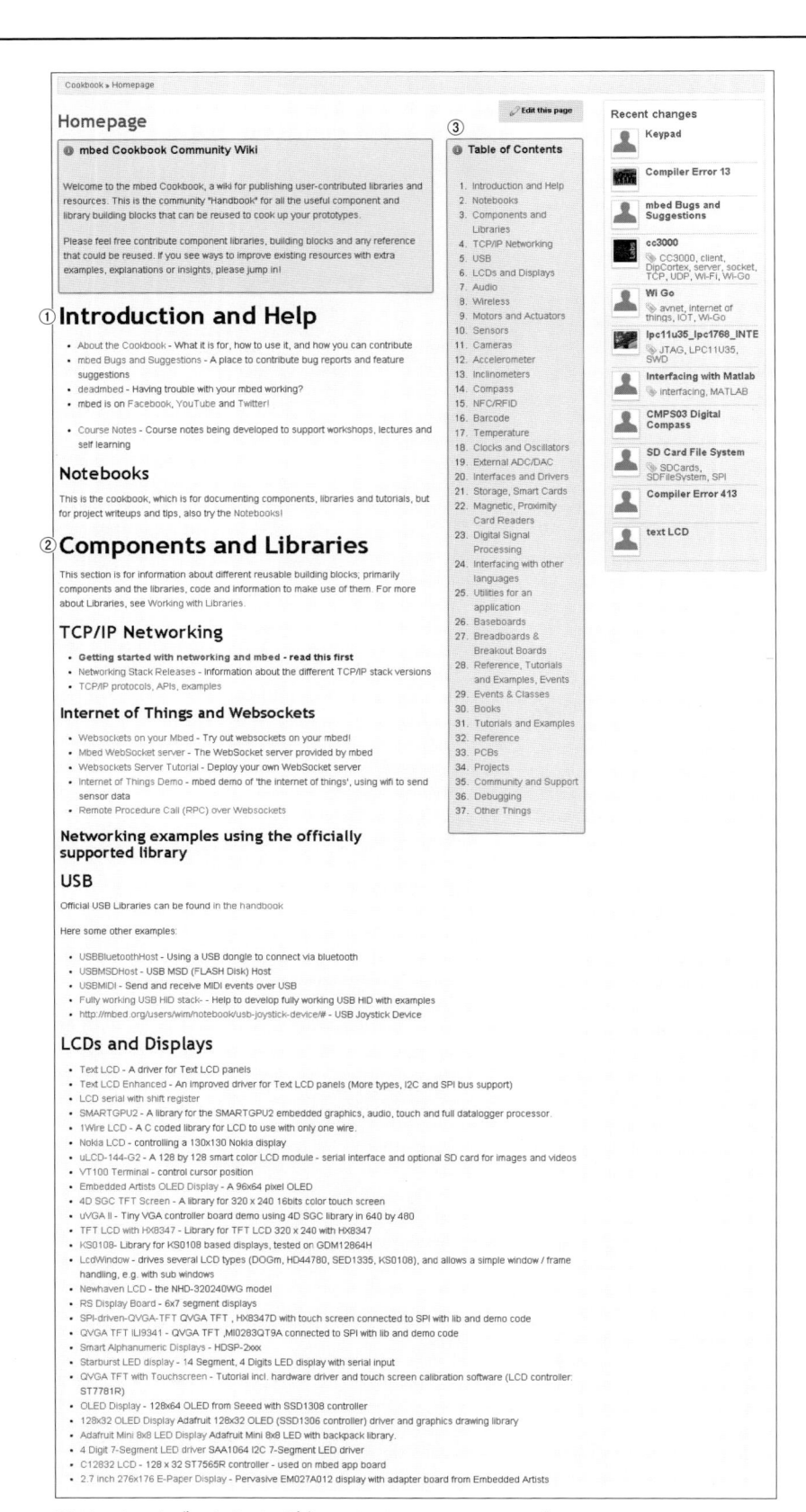

図10　クックブックのページ（http://mbed.org/cookbook/）

第2章　mbedウェブ・サイトの使い方

表2　クックブック・ライブラリ

項目名	説　明
TCP/IP Networking (TCP/IPネットワーク)	HTTPサーバやクライアント，WebSoketなどの通信が行えるライブラリが用意されている． NTPサーバから現在時間を取得するライブラリやTwitterにつぶやくライブラリもある．
USB	USBホスト機能でBluetoothドングルやUSBメモリと通信ができるライブラリなどが用意されている．
LCDs and Displays (LCDとディスプレイ)	さまざまなLCDや表示器と通信できるサンプル・プログラムやライブラリが掲載されている．
Audio (オーディオ)	Waveファイルを再生するプログラムやI2S通信ライブラリなどが掲載されている．
Wireless (無線通信)	無線モジュールを扱うためのプログラムが掲載されている．
Motors and Actuators (モータ，アクチュエータ)	サーボやモータとの接続方法とプログラムが掲載されている．
Sensors (センサ)	さまざまなセンサを扱うためのプログラムやライブラリが掲載されている．
Cameras (カメラ)	カメラ・モジュールとの通信するためのプログラムが掲載されている．
Accelerometer (加速度センサ)	加速度センサを扱うためのプログラムが掲載されている．
Inclinometers (傾斜センサ)	SCA61Tという傾斜センサを扱うためのプログラムが掲載されている．
Compass (方位センサ)	方位センサを扱うためのプログラムが掲載されている．
NFC/RFID (非接触ICカード)	NFCやRFIDの非接触ICカードと通信するためのモジュールを扱うためのプログラムが掲載されている．
Barcode (バーコード)	バーコードスキャナとの通信するプログラムが掲載されている．
Temperature (温度センサ)	温度センサを扱うためのプログラムが掲載されている．
Clocks and Oscillators (時計，発振器)	RTC(リアルタイム・クロック)モジュールや発振器を扱うためのプログラムが掲載されている．
External ADC/DAC (A-D，D-Aコンバータ)	外付けタイプA-DコンバータやD-Aコンバータと通信し数値やりとりするためのプログラムが掲載されている．
Interfaces and Drivers (インターフェース，ドライバ)	さまざまなインターフェースやドライバを扱うための方法やプログラム，ライブラリが掲載されている．
Storage, Smart Cards (ストレージ，スマート・カード)	mbedドライブやSDメモリーカードなどのストレージやスマート・カードを扱うためのプログラムが掲載されている．
Magnetic, Proximity Card Readers (磁気カード・リーダ)	磁気カード・リーダを扱うためのプログラムが掲載されている．
Digital Signal Processing (ディジタル信号処理)	フィルタなどのディジタル信号処理のプログラムが掲載されている．
Interfacing with other languages (他言語とのインターフェース)	JavaやPythonなどのプログラム言語とのインターフェースを行う方法が掲載されている．
Utilities for an application (アプリケーション・ ユーティリティ)	応用が期待できるユーティリティ・プログラムが多く掲載されている．

2.6 みんなのメモを参考に！ ノートブック

● 過去にさかのぼって見ても面白いかも

図12はノートブックです．このページではmbedユーザが書いた記事が掲載されます．最新のものが一番上に表示されるようになっています．

◆ ノートブック（図12）

① ノートブックの記事

題名と更新してからの時間，ユーザのアイコン，ユーザ名が表示されています．題名をクリックするとノートブックの中身を見ることができます．

また，ユーザ名もしくはアイコンをクリックすると，ユーザの自己紹介ページにジャンプします．ノートブックはmbedサイトでログインしていれば自分で書くこともできます．その方法は2.8節で説明します．

② ソート方法

表示するソート順を人気順，アルファベット順，更新日時順に変更することができます．

ノートブックの中身は図13のようになっています．このページは私が書いたもので，液晶モジュールをmbedにつなぐ際のつなぎ方とそのライブラリ，サンプル・プログラムを掲載しています．またログインした状態なら下部のコメント欄にコメントを書き込むことができます．

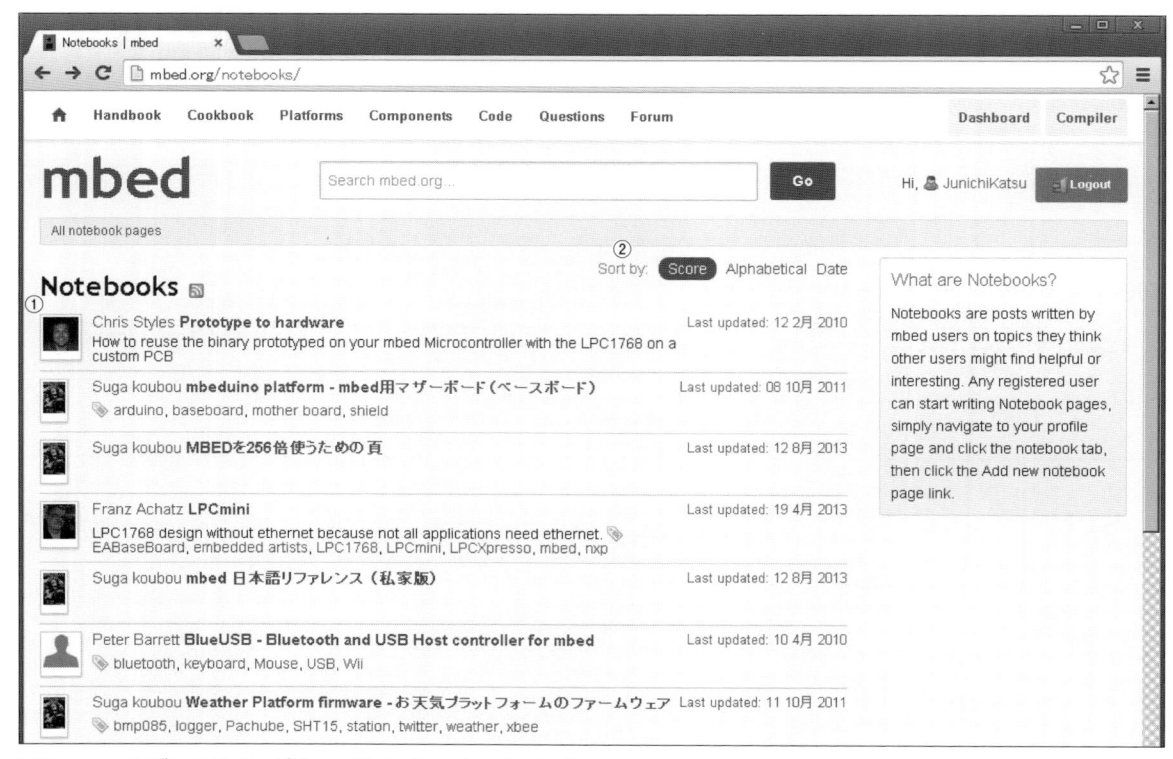

図12 ノートブックのページ（http://mbed.org/notebooks/）

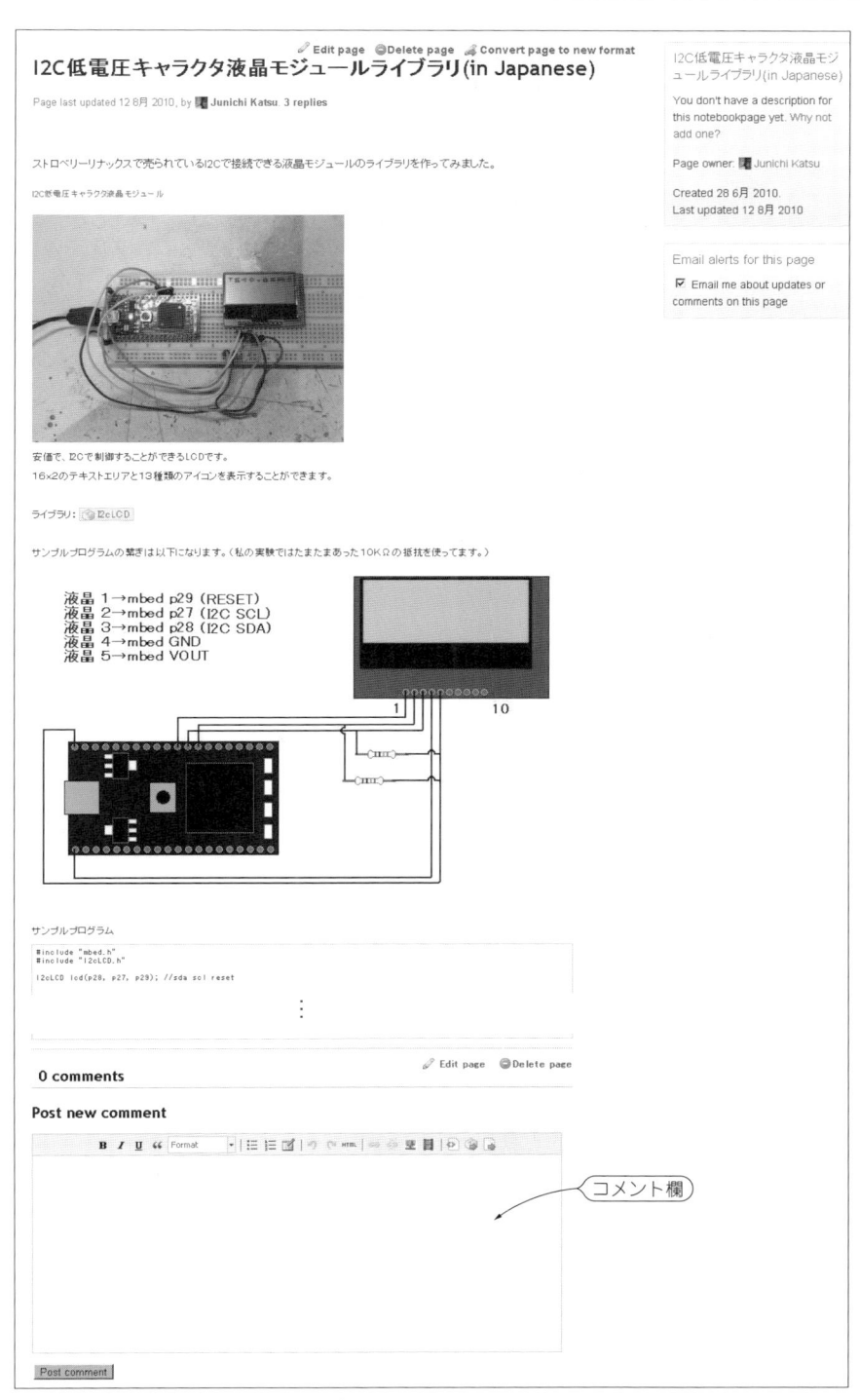

第2章　mbedウェブ・サイトの使い方

図13　公開している著者のノートブック

37

2.7 プロフィールを登録しよう　マイ・ホーム

● ぜひ，プロフィール登録を！

図14はマイ・ホームです．ログインしている状態ならば，プロフィールの閲覧，編集や公開している情報の確認，お気に入りのチェックができます．プロフィールはノートブックを書いたときやコメントを書いたときに，ユーザ名としてこのページへのリンクが張られます．

◆ マイ・ホーム（図14）

① プロフィール

自分が共有した情報が確認できます．

② アクティビティ

自分が更新した履歴を確認できます．

③ ノートブック

自分で公開しているノートブックを確認できます．詳しくは2.8節を参照してください．

④ コード

自分で公開しているプログラムを確認できます．プログラムの公開方法は2.9節を参照ください．

⑤ プロフィール編集

ここをクリックするとプロフィールを編集する

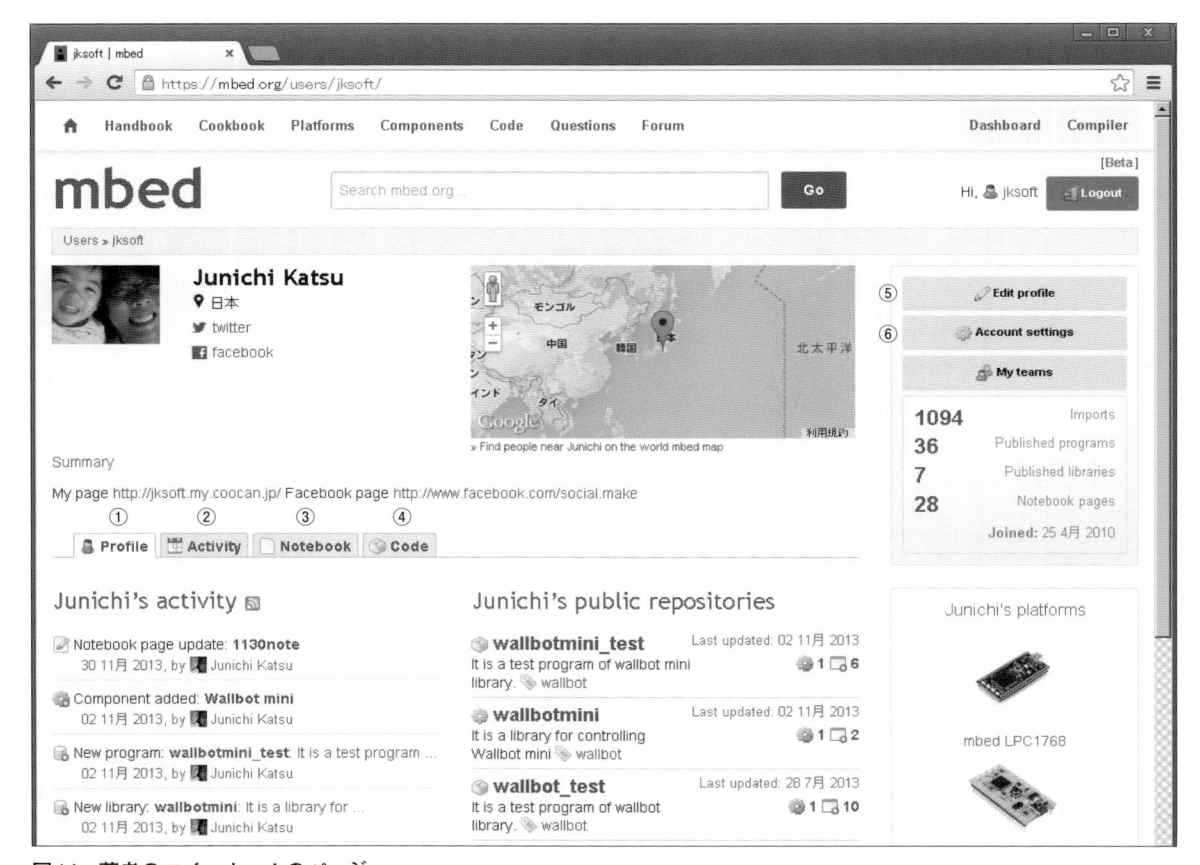

図14　著者のマイ・ホームのページ

38

第2章 mbedウェブ・サイトの使い方

ことができます(図15). 表示される名前やプロフィール文, アイコン, 場所, ソーシャル・アカウントを変更できます.

⑥ アカウント設定
登録しているメール・アドレスやパスワードを変更できます.

2.8 作ったものはここで公開しよう マイ・ノートブック

● 自分用のメモ帳としても活用できる

図16はノートブックです. 自分から情報を公開できるノートブックを新規作成, または今まで作ったノートブックを編集できます. ここでは全角文字の日本語が使用できます.

◆ マイ・ノートブック(図16)

① 新規作成
ここでノートブックを新規に作成することができます. クリックすると図17が表示されます.

図15 プロフィール編集のページ
表示される名前やプロフィール文, アイコンを設定できる.

◆ ノートブックの編集ページ（図17）
① タイトル
　ノートブックのタイトルを入力できます．
② 画像，ファイル挿入
　画像やファイルをアップロードし，画像やリンクを挿入することができます．

③ 編集のヒント
　ノートブックはWikiの文法で記述することで文字の装飾やハイパーリンク，画像表示ができます．これをクリックすることで，その記述方法がヒントとして表示されます．

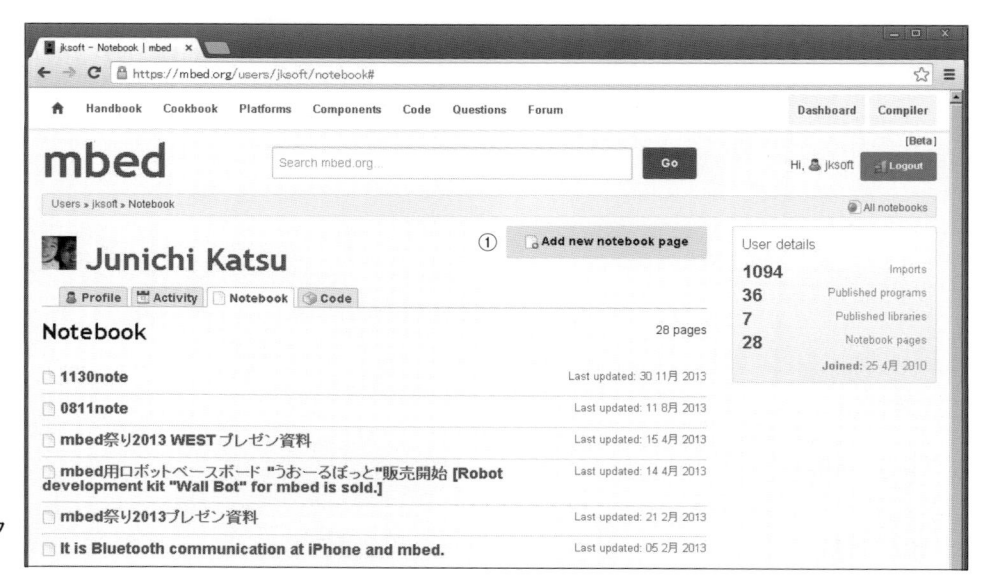

図16
マイ・ノートブックのページ

図17
ノートブックの編集ページ

2.9 創作はここから コンパイラ

● プログラムはウェブ上に保存される

mbedの一番の特徴はやはりウェブ上でプログラムが組めるところでしょう．ここでは，そのプログラミング環境の使い方を説明します．

第1章1.4節で説明したとおり，ログインした状態で[Compiler]をクリックすると，ブラウザ上の別なタブ，もしくはウィンドウが開いて図18の画面になります．

◆ プログラミング環境（図18）

① 新規プログラム作成

ここをクリックしてプログラム名を入力するとプログラムを作成できます．プログラム名には全角文字が使えません，半角英数文字と半角文字の-（ハイフン），_（アンダースコア）が使用できます．ただし-(ハイフン)は先頭の文字には使えません．

② インポート・ウィザード

ここをクリックするとインポート・ウィザードという画面が開きます（図19）．ここでは，ローカル・パソコン上，もしくはウェブ上からプログラムやライブラリを取り込むことができます．

◆ インポート・ウィザード（図19）

③ Click here（URL入力）

インポートするURLを入力できるダイアログが表示されます（図20）．ダイアログにプログラムが公開されているURLを入力すれば，そのプログラムをインポートできます．

また，クックブックやノートブックで公開されているライブラリは，図21の「Import program」をクリックするとインポート・ウィザードが開くので，そこからインポートできます．

④ プログラム・リスト・タブ

リストに公開されているプログラムのリストが表示されます．リストからキーワードで検索することもできます（図22）．

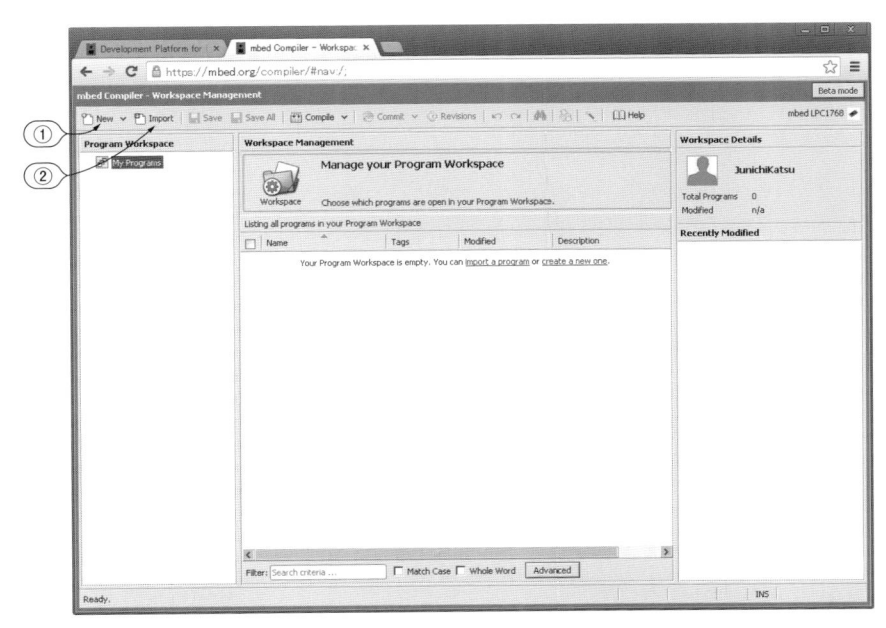

図18 プログラミング環境

⑤ ライブラリ・リスト・タブ
　リストに公開されているライブラリのリストが表示されます．
⑥ ブックマーク・リスト・タブ
　ブックマークしているリストが表示されます．

⑦ アップロード・タブ
　ローカル・パソコンからプログラムなどのファイルをアップロードできます．
⑧ ファイル選択
　ローカル・パソコンからアップロードするファ

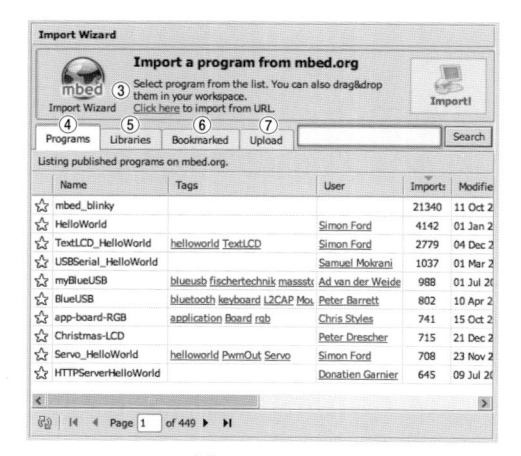

(a) mbed.org用

(b) ローカル・パソコン用

図19　インポート・ウィザード
ウェブ用とローカル用の画面がある．

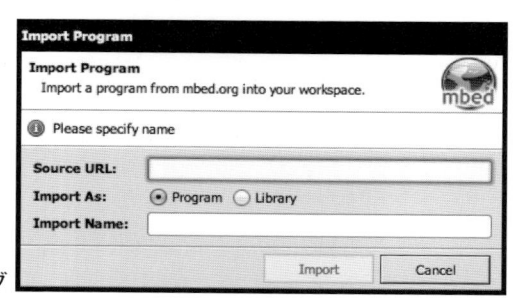

図20　インポート・ダイアログ

図21　クックブックの TextLCDライブラリ

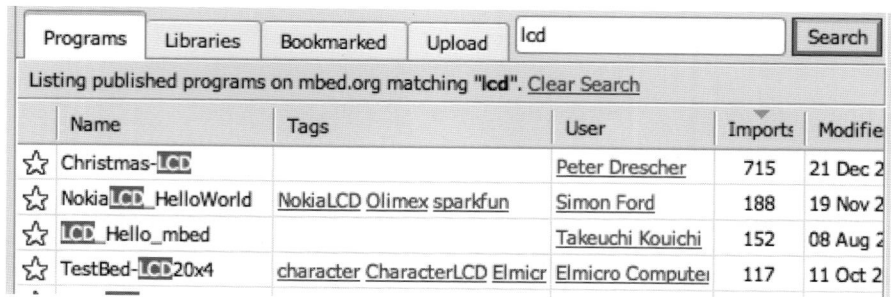

図22　キーワード「lcd」で検索した結果

第2章　mbedウェブ・サイトの使い方

イルを選択するダイアログが表示されます．
⑨　インポート
　　入力や選択が終わったらクリックすることでインポートできます．
　　図23がプログラム作成中の画面です．

◆ プログラミング画面（図23）
① プログラム・リスト
　　新規作成やインポートしたプログラムのリストです．

② プログラム・エディタ
　　プログラムを入力できるエディタです．キーボードでコピー（CTRL＋C）やペースト（CTRL＋V），切り取り（CTRL＋X）も使用できます．
③ 保存　すべてを保存
　　これをクリックすれば編集したものをウェブ上に保存することができます．キーボードでCTRL＋Sを押しても保存できます．
④ コンパイル
　　これをクリックするとコンパイル（プログラム

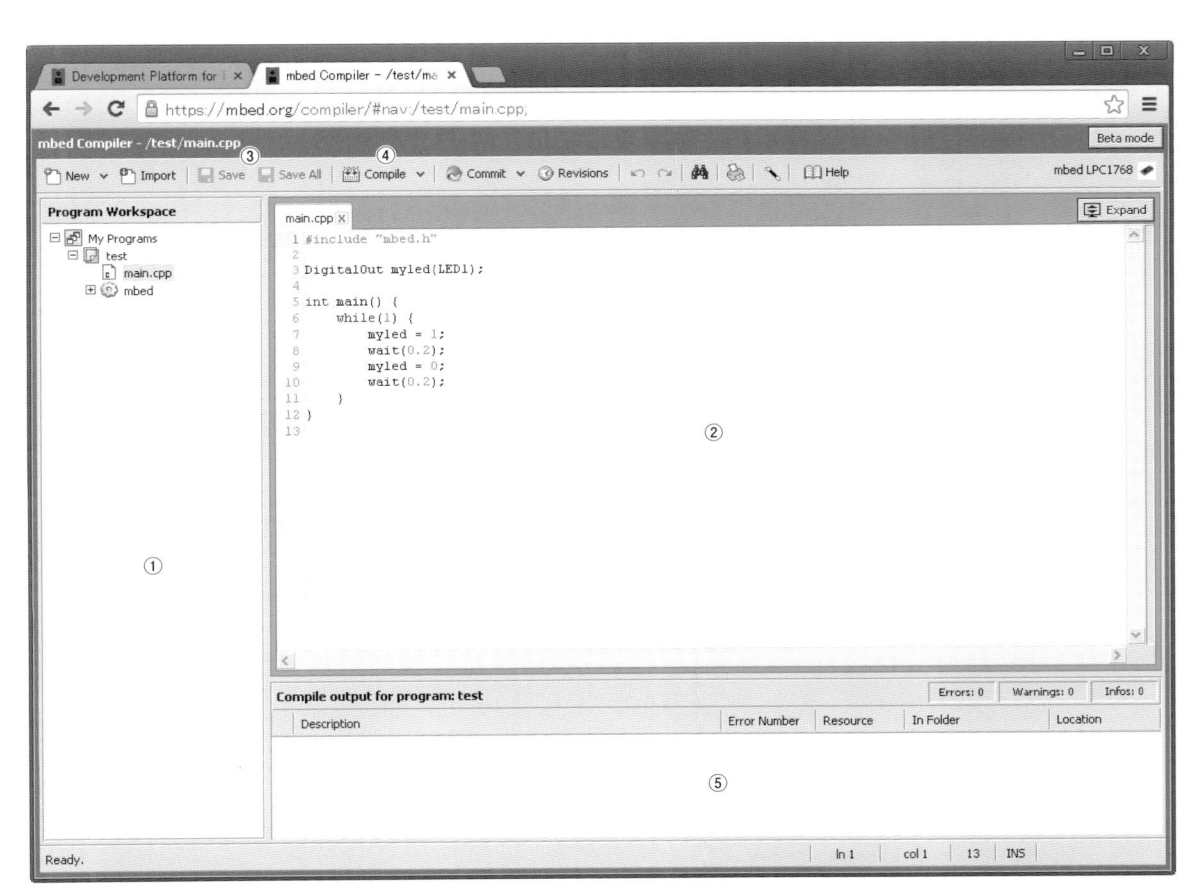

図23　プログラミング画面
一般的なプログラム開発環境と似たような配置になっている．

図24　コンパイルが成功したときのメッセージ

をmbedが実行できる形に変換)が始まります．成功するとバイナリ・データのダウンロードが始まります．

⑤　ステータス表示

コンパイル中のステータスが表示されます．コンパイル成功時は図24のように表示されます．コンパイル中に異常があった場合は図25のように表示されます．

● **プログラムを公開するには**

自分で作ったプログラムを公開する場合はプログラム名の上で右クリック・メニューを出して(図26)，「Publish」をクリックすれば行うことができます．

「Publish」をクリックすると図27の画面が出てきます．

「Name」にはプログラムの名前，「Description」にはプログラムについての説明，「Tags」にはプログラムの種別を書き込むことができます．「Name」と「Description」は入力しないと公開できません．

[OK]ボタンをクリックすると図28の画面が表示され，公開されたURLが書いてあります．これはそのまま[Close]ボタンをクリックすれば元の画面に戻ります．「Program Description」と「Program Tags」は，図29の画面に反映されます．

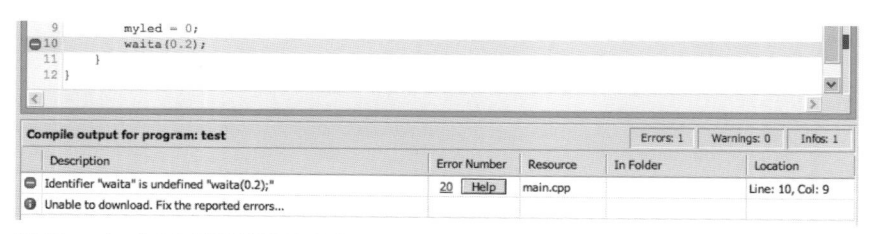

図25　コンパイルが異常終了したときのメッセージ
waitの後に余計な文字が入ってしまったため異常になった．

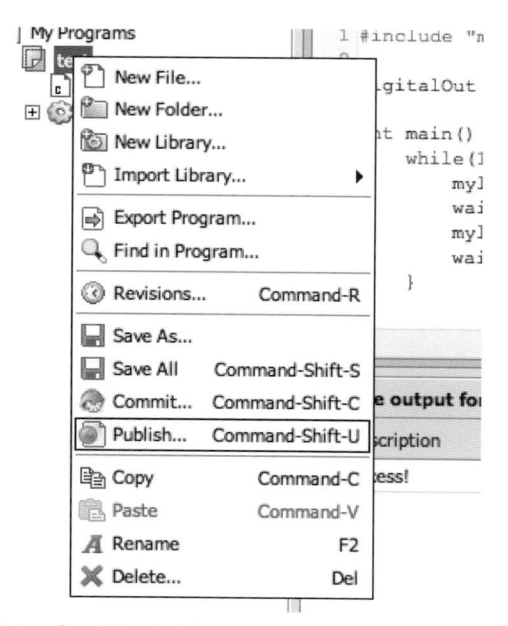

図26　プログラムを右クリックして表示されるメニュー

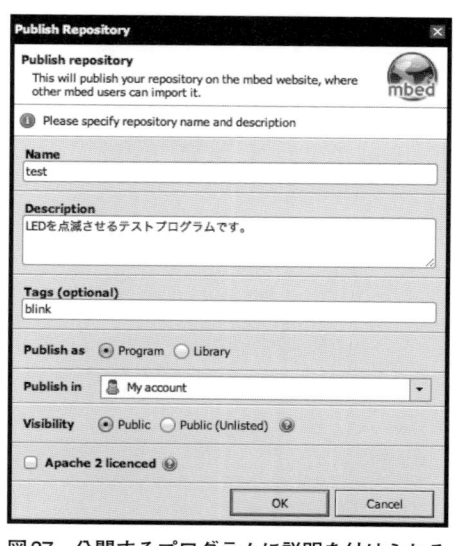

図27　公開するプログラムに説明を付けられる

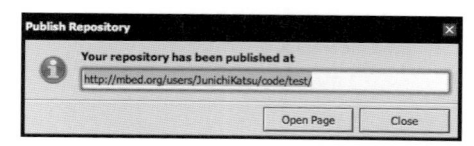

図28　公開されるURL

● ライブラリとしてプログラムを公開する

ライブラリとしてプログラムを公開する場合は以下の手順で行います．

- Step 1

ライブラリをテストするプログラムを作成します．

- Step 2

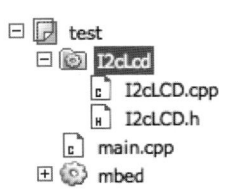

プログラムを右クリックして，ライブラリ・フォルダを作成します(図30)．フォルダ作成時にライブラリ名を求められるので半角英数字で入力します．

- Step 3

ライブラリ・フォルダ(図31)に，ライブラリ用のコードとヘッダ・ファイルを作成します．

- Step 4

ライブラリ・フォルダを右クリックして，右クリック・メニューの「Publish」をクリックします．

- Step 5

図27のダイアログが表示されるので「Publish as」で「Library」が選択状態にあることを確認します．以降は，プログラムを公開する場合と同様です．

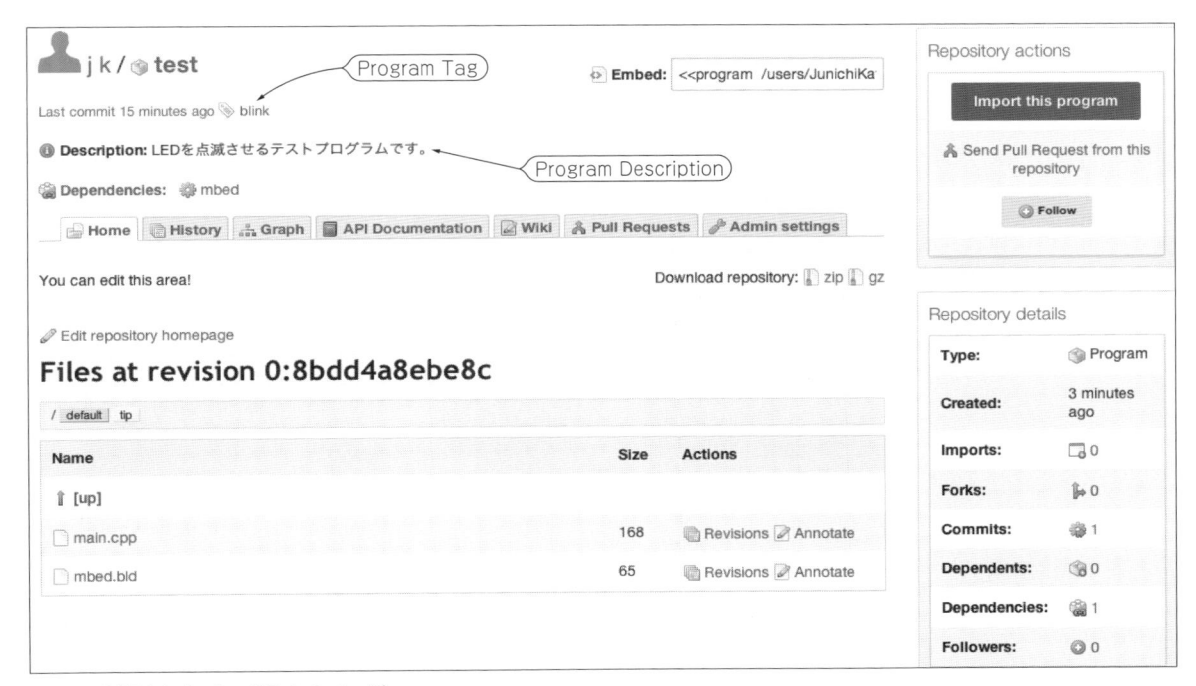

図29 公開されたプログラムのページ

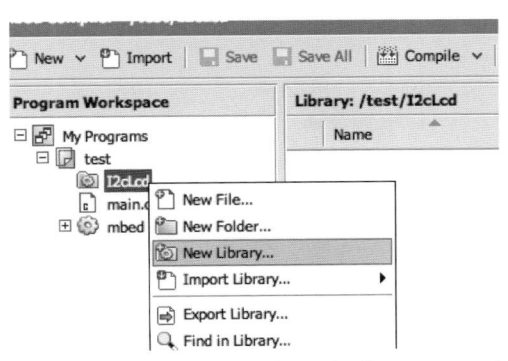

図30 ライブラリ・フォルダを作成．「New Library」をクリック

図31 ライブラリ・フォルダ

第3章 インターフェースが豊富なmbed
mbedに何をつなげてみる?

● mbedの豊富なインターフェース

　mbedには青いLEDが四つ付いていますが，これを光らせているだけではつまらないですよね．もちろん，mbedの楽しみはこれだけではありません．mbedにはインターフェース(他の装置や部品とつながる機能)が豊富にあります．

　例えば，インターネットとつなげられるLANインターフェース．mbedはLAN用のコネクタ(**写真1**)をつなげるだけでインターネットと連携した電子工作を楽しむことができます．

　mbedには**表1**のインターフェースがあります．これらを応用すればさまざまなモノを作り上げることができるでしょう．

　これだけの機能が備わっていれば，アイデア次第で面白いガジェットを作り上げることも！

　※注意　本書で説明しているサンプル・プログラムは説明のためコメントに日本語を使用していますが，mbedのプログラミング環境では日本語は使用できません．

(a) 上から　　(b) 下から

写真1　LAN用のコネクタの外観
インターネットとコラボするにはmbedとLAN用のコネクタをつなぐだけ！

表1　mbedのいろいろなインターフェース

名称	いくつある？	どんなの？
ディジタル入力	26	スイッチの状態がわかる！
ディジタル出力	26	LEDがピカピカ．
アナログ入力	6	センサの値を読み取り．
アナログ出力	1	音を作ってみたり．
PWM出力	6	モータの回る速さを制御．
イーサネット	1	インターネットにつながる！
シリアル	3	他のマイコンやパソコンと通信．
SPI	2	SDカードがつながる！
I²C	2	三つの線で液晶などと接続．
CAN	2	車の中の通信と接続．
USB	1	USB機器をつなげてみたり．

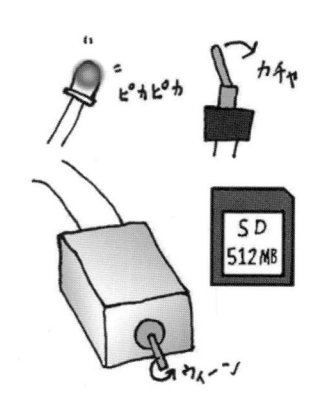

第3章 mbedに何をつなげてみる？

3.1 液晶モジュールをつないで文字を表示する

● いろいろ表示できてデバッグにも使える液晶モジュール

プログラムを作って動かす際には，プログラムがどのように動いているかを確認する場面があります．mbed上の四つのLEDでプログラムの動きを表現する方法もありますが，表現方法が限られてきます．

そこで，文字が表示できる液晶モジュール（LCDモジュールとも呼ばれている．LCD：Liquid Crystal Display）をmbedにつなげて，プログラム上の文字を表示する方法を紹介します．

ここで紹介するのは，**写真2**の二つの液晶モジュールです．一つは，キャラクタ・ディスプレイ・モジュールというもので，秋月電子通商では「LCDキャラクタディスプレイモジュール(16×2行バックライト無)」として販売されています．も

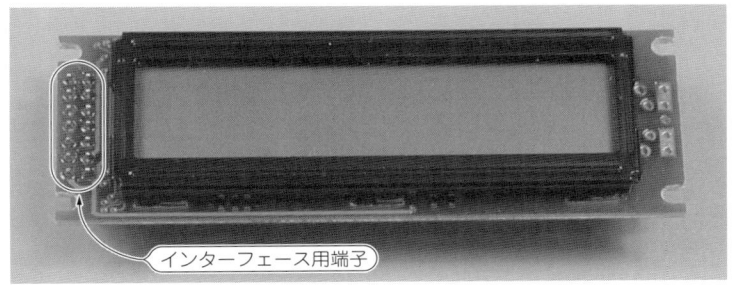

(a) キャラクタ・ディスプレイ・モジュール(16×2行)．秋月電子通商で購入できる．商品名は「LCDキャラクタディスプレイモジュール(16×2行バックライト無)」

(b) I^2C低電圧キャラクタ・ディスプレイ・モジュール(16×2行)．ストロベリーリナックス(http://strawberry-linux.com/)で購入できる．商品名は「I^2C低電圧キャラクタ液晶モジュール」

写真2 液晶モジュールの外観

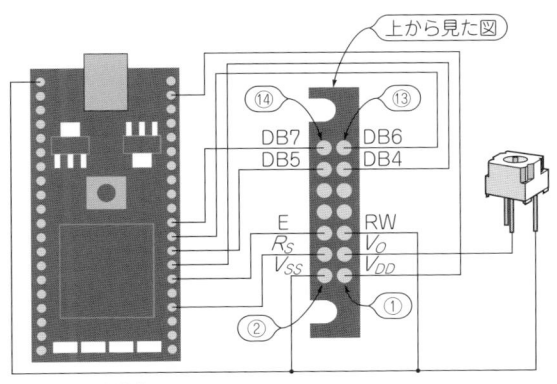

● 端子の接続先

液晶①→mbed VU	液晶⑥→mbed p26
液晶②→mbed GND	液晶⑪→mbed p27
液晶③→半固定抵抗	液晶⑫→mbed p28
液晶④→mbed p24	液晶⑬→mbed p29
液晶⑤→mbed p25	液晶⑭→mbed p30

図1 キャラクタ・ディスプレイ・モジュールとmbedの接続例

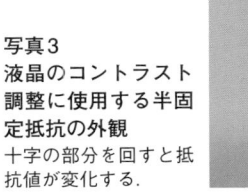

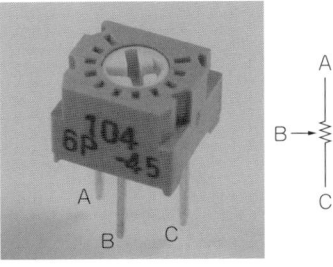

写真3 液晶のコントラスト調整に使用する半固定抵抗の外観
十字の部分を回すと抵抗値が変化する．

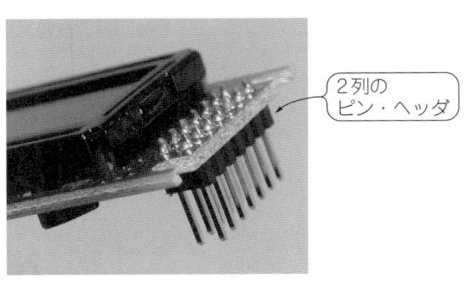

写真4 キャラクタ・ディスプレイ・モジュールの端子
2列のピン・ヘッダをはんだ付けして使う．

う一つは，I²C対応低電圧キャラクタ・ディスプレイ・モジュールで，ストロベリーリナックスで「I²C低電圧キャラクタ液晶モジュール（16×2行）」として販売されています．

● キャラクタ・ディスプレイ・モジュール（16×2行）の使い方

◆ ハードウェア

キャラクタ・ディスプレイ・モジュールとmbedの接続は，**図1**のようにほぼつなげるだけです．ただし，液晶のコントラスト調整用に半固定抵抗（**写真3**）をつなげる必要があります．また，キャラクタ・ディスプレイ・モジュールの端子は**写真4**のように2列になっているため，ブレッドボードには簡単に接続できません．

ここでは，キャラクタ・ディスプレイ・モジュールをmbedと簡単につなげられる，mbedコミュニティのなかで生まれた「☆board Orange（スターボード・オレンジ，**写真5**）」を使用します．

◆ ソフトウェア

キャラクタ・ディスプレイ・モジュールを動かすライブラリText LCD（**表2**）は，mbedサイトのクックブックで公開されています．このライブラリを使えば，すぐにキャラクタ・ディスプレイ・モジュールに文字を表示できるようになります．

ライブラリのインポートの方法は，第2章の

写真5 ☆board Orangeの外観
キャラクタ・ディスプレイ・モジュールのほかに，LANやUSBのコネクタ，microSDカード・スロットが実装されている．

表2 キャラクタ・ディスプレイ・モジュールを動かすTextLCDライブラリ

ライブラリ名	Text LCD
ライブラリURL	http://mbed.org/cookbook/Text-LCD
本書のリファレンス	付録C TextLCD（キャラクタ・ディスプレイ・モジュールとのつなぎ方はこちらを参照）

リスト1　1秒ごとにカウントアップしていく数値をキャラクタ・ディスプレイ・モジュールに表示するプログラム
（ファイル名：main.cpp）

```
#include "mbed.h"
#include "TextLCD.h"         // ライブラリのヘッダ・ファイルをインクルード

// ライブラリを定義　使用するピンを指定する
TextLCD lcd(p24, p26, p27, p28, p29, p30); // rs, e, d4～d7

int main() {
    int count = 0;

    lcd.printf("Hello World!\n");           // 文字列を表示する
    lcd.printf("count = ");

    while(1) {
        lcd.locate(8,1);                    // 表示位置を指定する
        lcd.printf("%04d",count);           // countの値を表示する
        count++;                            // countをインクリメント
        wait(1.0);                          // 1秒ウエイト
    }
}
```

2.9節を参照してください．ライブラリでは，C/C++言語の標準的な出力関数printfで，表示する文字を制御することができます．

1秒ごとに数値がカウントアップしていく簡単なサンプル・プログラムを**リスト1**に，プログラム・ワークスペースを**図2**に示します．**写真6**は動作中のようすです．

● I²C低電圧キャラクタ・ディスプレイ・モジュールの使い方

◆ ハードウェア

I²C低電圧キャラクタ・ディスプレイ・モジュールは，I²C（アイ・スクエア・シー，Inter-Integrated Circuit）というインターフェースを使ってmbedと接続できる液晶モジュールで，4ピンで制御できます．

このモジュールはピンが1列のため，ブレッドボードに簡単に接続できます．なお，mbedとの接続には10kΩの抵抗が2個必要になります（**写真7**）．接続方法を**図3**に示します．

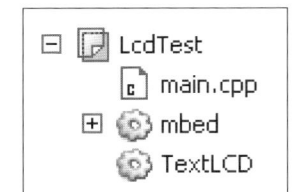

◆ ソフトウェア

mbed公式のライブラリではありませんが，私が公開しているライブラリI2cLcd（**表3**）があります．これを使えば簡単に文字を表示できます．

本ライブラリもText LCDライブラリと同様にC/C++言語の標準的な出力関数printfで表示する文字を制御することができます．ライブラリを使うことで，ほぼ同じプログラムで制御することができます．また，この液晶では文字の表示とは別にマークを表示することもできます．

1秒ごとに数値がカウントアップしていく簡単なサンプル・プログラムを**リスト2**に，プログラム・ワークスペースを**図4**に示します．**写真8**は，動作中のようすです．

図2 リスト1のプログラム・ワークスペース

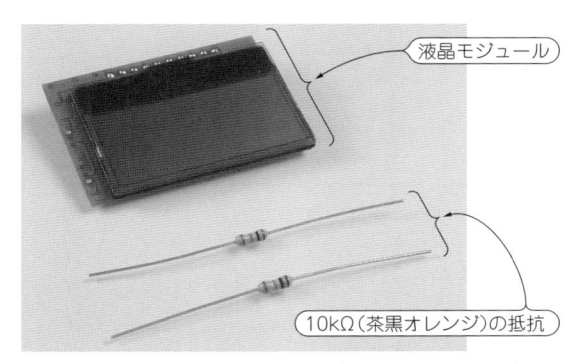

写真7 I²C低電圧キャラクタ・ディスプレイ・モジュールと抵抗の外観

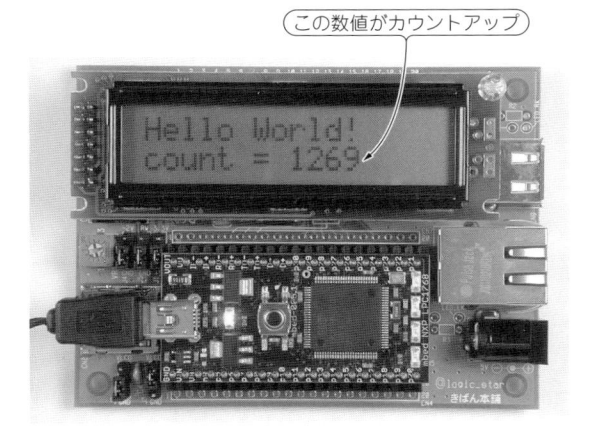

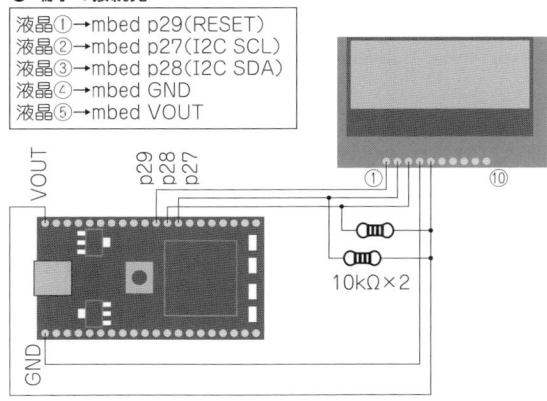

写真6 リスト1のプログラムで，キャラクタ・ディスプレイ・モジュールを動作させているようす
1秒ごとに数値がカウントアップしていく．

図3 I²C低電圧キャラクタ・ディスプレイ・モジュールとmbedの接続

表3 I²C低電圧キャラクタ・ディスプレイ・モジュールを動かすI2cLCDライブラリ
私が作成したライブラリ.

ライブラリ名	I2cLCD
ライブラリURL	http://mbed.org/users/jksoft/notebook/i2clcd_lib/

リスト2　1秒ごとにカウントアップしていく数値をI²C低電圧キャラクタ・ディスプレイ・モジュールに表示するプログラム
（ファイル名：main.cpp）

```
#include "mbed.h"
#include "I2cLCD.h"        // ライブラリのヘッダ・ファイルをインクルード

// ライブラリの定義　使用するピンを指定する
I2cLCD lcd(p28, p27, p29);                      // sda scl reset

int main() {
    int count = 0;

    lcd.printf("Hello World!¥n");               // 文字列を表示する
    lcd.printf("count = ");

    while(1) {
        lcd.locate(8,1);                        // 表示位置を指定する
        lcd.printf("%04d",count);               // countの値を表示する
        count++;                                // countをインクリメント
        lcd.clearicon( I2cLCD::Antenna );       // アンテナ・マークを表示
        wait(0.5);                              // 0.5秒ウエイト
        lcd.seticon( I2cLCD::Antenna );         // アンテナ・マークを非表示
        wait(0.5);                              // 0.5秒ウエイト
    }
}
```

図4　リスト2のプログラム・ワークスペース

写真8　リスト2のプログラムで，I²C低電圧キャラクタ・ディスプレイ・モジュールを動作させているようす
ブレッドボードで配線を行った.

3.2 温度センサをつないで温度を表示する

● 室温などが測れる温度センサ

LM61BIZという温度センサは，温度（摂氏，℃）に比例した電圧が出力されるセンサです（**写真9**）．

mbedのアナログ入力につなげることで温度を測ることができます．

◆ ハードウェア

3.1節で使用した☆board OrangeにLM61BIZをつなげて，温度を表示させてみます．

LM61BIZには3本の足がありますが，それぞれmbedのVOUT，p15，GNDにつなぎます．

ここでは，**写真10**のジャンパ・ケーブルを使います．**写真11**のように接続します．

写真9 温度センサLM61BIZの外観．背景は説明書．テキサス・インスツルメンツ製
秋月電子通商（http://akizukidenshi.com/catalog/g/gI-02726/）で購入できる．

---

column　mbed用評価ベース・ボード　☆board Orange

☆board Orange（スターボード・オレンジ）は，とあるmbedユーザの方が企画，設計されて，mbedサイトやTwitterでテスタを募集し，コミュニティの力で完成されたmbed用の評価ボードです（**写真A**）．このボードを使用すると以下の機能がすぐに扱えます．

- キャラクタ・ディスプレイ・モジュールによる文字表示
- LAN機能によるローカル・エリア・ネットワークやインターネットの利用
- USBホスト機能によるUSBキーボードやUSBマウスなどの接続
- microSDカードを用いたファイル・アクセス

☆board Orangeは，きばん本舗ショッピング・サイトで購入することができます．
　http://kibanhonpo.shop-pro.jp/

- ☆board Orange基板のみ（microSDコネクタのみ実装），価格：1,400円
- ☆board Orange完成品（キャラクタ・ディスプレイ・モジュールを含むDC-DCコンバータ部非搭載），価格：3,900円
　※価格などは原稿執筆時の情報です．

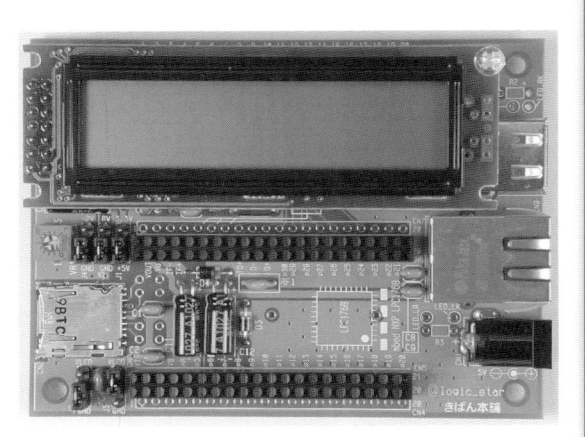

写真A mbed用評価ベース・ボード☆board Orange（スターボード・オレンジ）

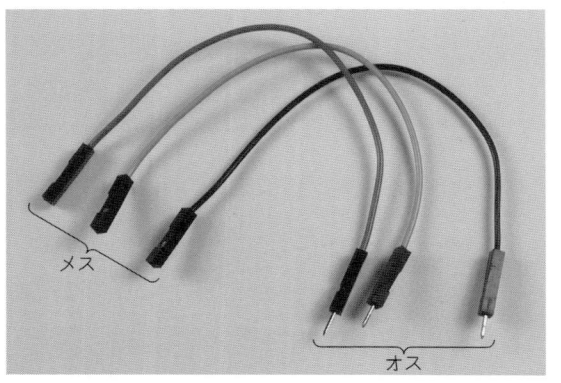

写真10 ジャンパ・ケーブルの外観

◆ ソフトウェア

プログラムは，アナログ入力で電圧として取得した値を温度に変換して液晶モジュールで表示するものです．

LM61BIZはデータシートを見ると，1℃当たり10mVで，0℃のときは600mVになるようです．mbedのアナログ入力の値は0Vで0.0，3.3Vで1.0になるので，数値から温度[℃]に変換する式は以下になります．

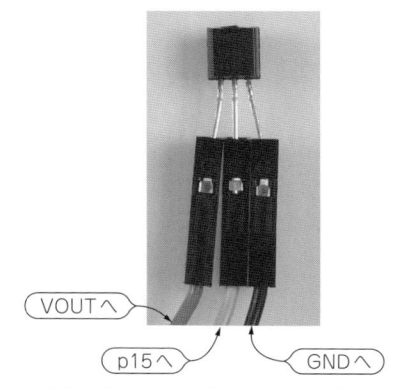

写真11 温度センサとmbed接続のようす
(a) ☆board Orange上のジャンパ・ケーブルの接続先
(b) LM61BIZとジャンパ・ケーブルの接続

リスト3 温度センサから読み取った電圧値を温度に変換して液晶モジュールに表示するサンプル・プログラム
(ファイル名：main.cpp)

```
#include "mbed.h"
#include "TextLCD.h"      // ライブラリのヘッダ・ファイルをインクルード

// ライブラリの定義　使用するピンを指定する
TextLCD lcd(p24, p26, p27, p28, p29, p30); // rs, e, d4～d7
AnalogIn ain(p15);                          // p15でアナログ入力を行う

int main() {
    float tmp;

    while(1) {
        lcd.locate(0,0);                    // 表示位置を指定する
        tmp = (ain - 0.1818)/0.00303;       // 電圧から温度に変換する

        lcd.printf("temple:%2.2f",tmp);     // 温度を表示する

        wait(0.5);                          // 0.5ミリ秒ウエイト
    }
}
```

第3章　mbedに何をつなげてみる？

温度＝（アナログ入力値－0.1818）÷0.00303

温度表示のサンプル・プログラムをリスト3に示します．写真12は，動作中のようすです．

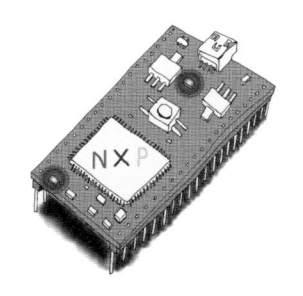

写真12
温度を表示しているところ

3.3 UVセンサをつないでお肌の大敵 紫外線量を調べる

● 紫外線の量がわかるUVセンサ

日焼けやしみの原因となる紫外線．目に見えないものなので，どのぐらい強いのかわかりません．そこで，紫外線の強さがわかるセンサをmbedにつないで紫外線の強さを測りたいと思います．

写真13は，浜松ホトニクスのUV（紫外線）センサG5842です．

◆ ハードウェア

UVセンサの原理は太陽電池と同じようなもので，紫外線の強さに応じた電圧が出力されます．mbedのアナログ入力で読み込むには並列に抵抗を入れます（写真14）．

紫外線はW/cm^{2}という単位で表しますが，正確な値がわかってもどのぐらいが肌に悪いのかわからないので，実測で比較したいと思います．抵抗値はとりあえず，データシートから紫外線の強さが1mW/cm^{2}のときに100mVになるように270kΩにします．

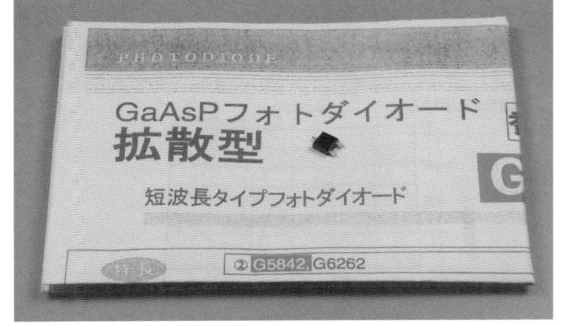

写真13　UVセンサG5842の外観．背景は説明書．浜松ホトニクス製
秋月電子通商（http://akizukidenshi.com/catalog/g/gI-00122/）で購入できる．

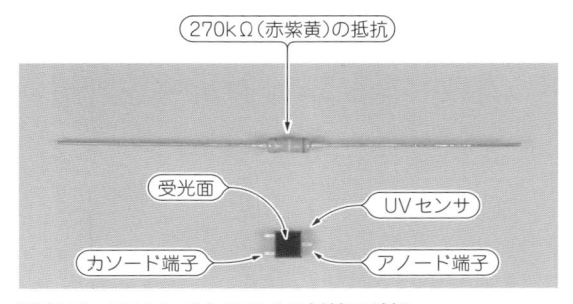

写真14　UVセンサと270kΩの抵抗の外観

(a) 斜めから

(b) ほぼ正面から

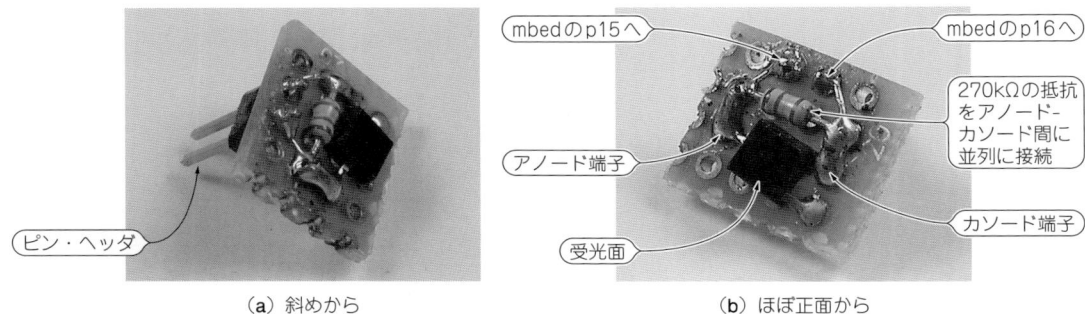

写真15 UV基板にはんだ付けしたセンサと抵抗

リスト4 紫外線量を測るサンプル・プログラム(ファイル名：main.cpp)

```
#include "mbed.h"
#include "TextLCD.h"          // ライブラリのヘッダ・ファイルをインクルード

// ライブラリの定義   使用するピンを指定する
TextLCD lcd(p24, p26, p27, p28, p29, p30);  // rs, e, d4～d7
AnalogIn ain(p15);
DigitalOut sg(p16);
BusOut leds(LED1, LED2, LED3, LED4);

int main() {
    float tmp;

    sg = 0;                                 // p16をGNDにする

    while(1) {
        lcd.locate(0,0);
        tmp = ain * 3300;                   // ミリV単位に変換する
        lcd.printf("UV:%4.1f",tmp);         // センサ値を表示する

        if( tmp < 5.0 ) {                   // センサ値が5.0未満
            leds = 0;                       // LEDをすべて消灯
        }
        else if( tmp < 50.0 ) {             // センサ値が50.0未満
            leds = 0x1;                     // LED1を点灯
        }
        else if( tmp < 150.0 ) {            // センサ値が150.0未満
            leds = 0x3;                     // LED1,2を点灯
        }
        else if( tmp < 200.0 ) {            // センサ値が200.0未満
            leds = 0x7;                     // LED1,2,3を点灯
        }
        else if( tmp >= 200.0 ) {           // センサ値が200.0以上
            leds = 0xf;                     // LED1,2,3,4を点灯
        }
        else {
            leds = 0;                       // LEDをすべて消灯
        }
        wait(0.5);                          // 0.5ミリ秒ウエイト
    }
}
```

第3章 mbedに何をつなげてみる？

抵抗は，センサのアノード－カソード間に取り付け，アノード（＋）をp15，カソード（－）をp16に接続します．p16はプログラムでディジタル出力を0に設定し，GNDの代わりに使います．

☆board Orangeに取り付けられるように小さく基板を切ってピン・ヘッダを付けています（**写真15**）．**写真16**は，☆board Orangeに取り付けた状態です．

◆ ソフトウェア

温度表示のサンプル・プログラムを**リスト4**に示します．センサの入力値を電圧値（mV）になるように変換し，液晶表示するようにしています．

この状態で天気の日の朝と昼，日陰で計測して，mbed上の四つのLEDで紫外線の強さ具合を表現するようにしています（しきい値は実測からだいたいで決めている）．使用例を**写真17**に示します．これでmbedとUVセンサのみでコンパクトにまとめれば，簡易紫外線測定器が作れると思います．

写真16 ☆board Orangeに取り付けたセンサ基板

(a) 夏に晴れている日の朝に測った値（72.5mV）

(b) 日陰で測った値（7.3mV）

(c) 一番紫外線が強くなると思われる夏の晴れている日の昼頃に測った値（241.8mV）

写真17 製作した簡易紫外線測定器の使用例

3.4 ジョイスティック&加速度センサ内蔵Wiiヌンチャクをつなぐ

● 便利な入力装置を流用しちゃおう

人とコンピュータとがコミュニケーションするには，何らかの形で人の意思をコンピュータに伝えなければなりません．例えば，スイッチなどがありますが，ただスイッチをmbedにつなげてもあまり面白くありません．

そこで，インタラクティブな操作でゲームが楽しめる任天堂Wiiのヌンチャク・コントローラ(以下ヌンチャク)をmbedにつなげてみたいと思います(**写真18**)．

このヌンチャクは本来，WiiリモコンとI^{2}Cで通信し，Wiiリモコンから無線通信でWii本体に

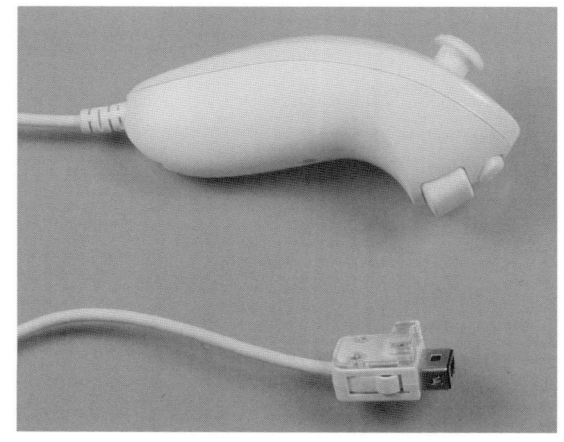

写真18　Wiiのヌンチャク・コントローラ
ジョイスティックとボタン二つ(CとZ)，加速度センサが内蔵されている．

(a) 外観

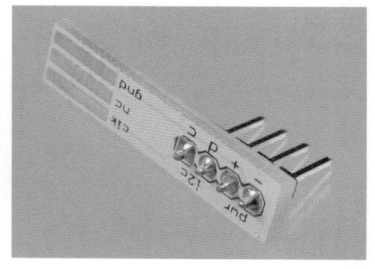

(b) ピン・ヘッダをはんだ付けした状態

写真19　Wii Chuckアダプタ
ピン・ヘッダははんだ付けしなければならない．

写真20　ヌンチャクのコネクタ
Wii Chuckアダプタの印字と合わせて接続．

写真21　mbedとWii Chuckアダプタとの接続

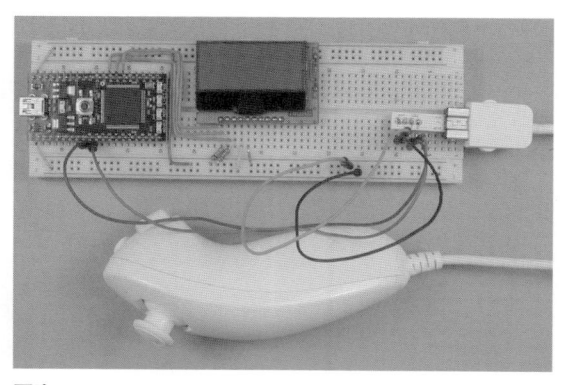

写真22
I^{2}C低電圧キャラクタ・ディスプレイ・モジュールとヌンチャクをつなげた

第3章　mbedに何をつなげてみる？

操作が伝わります．I²Cはmbedにも機能があるのでそのままつなげば通信できます．

◆ ハードウェア

ヌンチャクとmbedをつなぐには，スイッチサイエンスで購入できるWiiChuckアダプタが便利です（**写真19**）．

mbedとはI²Cで接続するので，Wii Chuckアダプタ上の印で＋（pwr）はVOUT，－（gnd）はGND，d（dat）はp9，c（clk）はp10に接続します（**写真20**）．つなぎ方は**写真21**を参照してください．

今回は，3.1節のI²C低電圧キャラクタ・ディスプレイ・モジュールをブレッドボード上に装着したものに追加する形でつなぎました（**写真22**）．

◆ ソフトウェア

ヌンチャクからデータを読み取るソース・コードはmbedのユーザにより開発され，公開されて

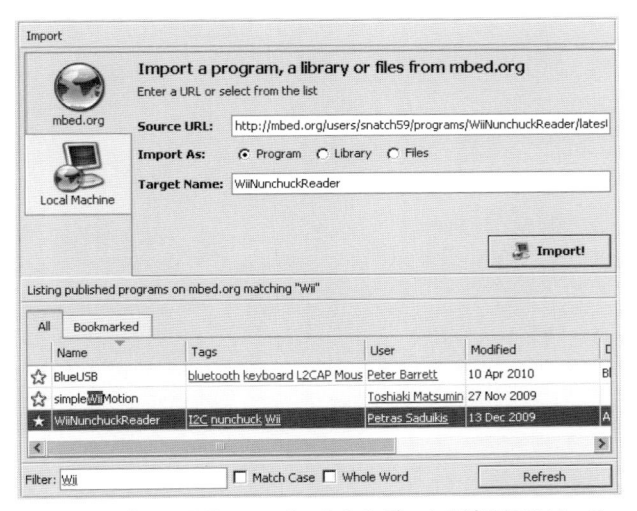

図5　インポート画面でヌンチャクからデータを読み取るソース・コードを発見！

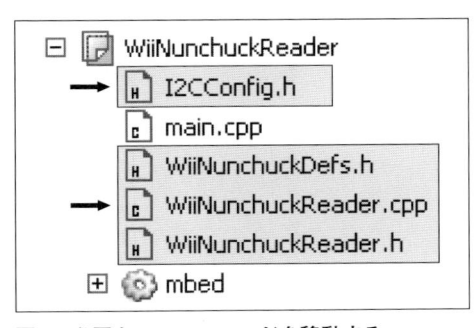

図6　必要なソース・コードを移動する

リスト5　ヌンチャク読み取りサンプル・プログラム（ファイル名：main.cpp）

```
#include "mbed.h"                        // ライブラリのヘッダ・ファイルをインクルード
#include <I2CConfig.h>                   // 追加したのソース・コードのヘッダ
#include <WiiNunchuckReader.h>
#include "I2cLCD.h"                      // ライブラリのヘッダ・ファイルをインクルード

// ライブラリの定義　使用するピンを指定する
I2cLCD lcd(p28, p27, p29); //sda scl reset
// ヌンチャク読み取り用のクラスを宣言．使用するピンを指定する．
WiiNunchuckReader chuck(p9, p10); //sda scl

int main() {
    while(1) {
        chuck.RequestRead();
        lcd.locate(0,0);
        lcd.printf("Z: %x\t", chuck.getButtonZ ());   // Zボタンを取得して表示
        lcd.printf("C: %x\n", chuck.getButtonC ());   // Cボタンを取得して表示
        lcd.printf("Y: %d ", chuck.getAccelY ());     // Y軸加速度を取得して表示
        wait(0.5);                                     // 0.5秒ウエイト
    }
}
```

います．ライブラリとしては公開されていないので，ソース・コードをインポートして使用してみます．

そのソース・コードはインポート画面で「Wii」というキーワードで検索すると見つけることができちゃいます（図5）．これをインポートして，必要なファイルだけ自分のプロジェクトにドラッグ＆ドロップします（図6）．

リスト5のサンプル・プログラムではヌンチャクのCボタンとZボタンのON/OFFとY軸の加速度を表示する内容です．動作例を写真23に示します．

加速度センサは重力加速度を検出して傾きを検出したり，急激な動きを検出したりすることができます．

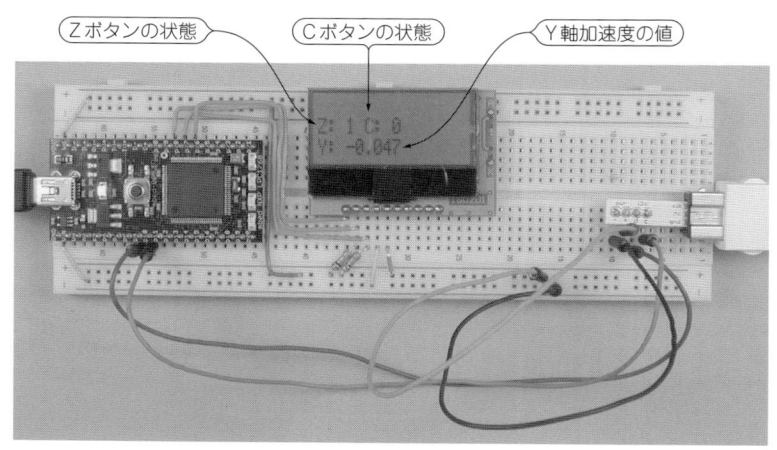

写真23
Wiiヌンチャクのサンプル・プログラムを動作させているところ

3.5 サーボモータをつないで動きで表現しよう

● 決まった動きをさせられるサーボモータ

決まった動きをさせるのに便利なラジコン用のサーボモータ．ラジコンではレバーの動きと同じ動きをするので，ステアリングなどに使われています．

最近では，人型のロボットにも使われるようになってきたため，駆動可能範囲の広いロボット用のサーボモータも売られています．このサーボモータも，mbedにつなげて簡単に制御できるので紹介します．

◆ ハードウェア

ラジコン用サーボモータは，図7のようなパルス信号の幅で制御します．これをPWM（Pulse Width Modulation）といいます．

モータのように動くものは電流がたくさん流れます．mbedから出力されている電流だけでは足りなくなってしまうので，サーボモータ用の電源は別に用意してください．

今回は，MG16Rという小型のサーボモータ（写真24）を使用して，簡単にブレッドボード上に配線してみました（写真25）．サーボモータのコネクタは写真26のようになっています．サーボモータ用の電源は，充電式の携帯バッテリ（5V）を使用しています．

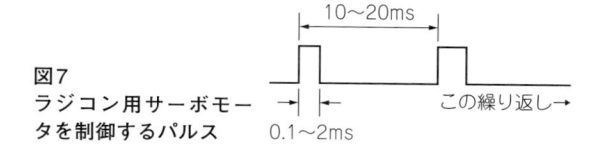

図7
ラジコン用サーボモータを制御するパルス
10～20ms
0.1～2ms
この繰り返し

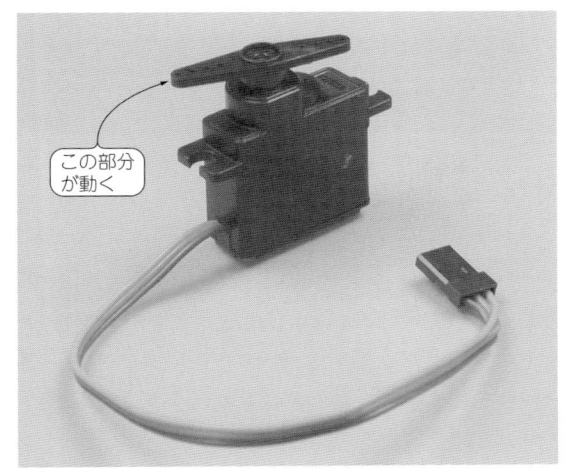

第3章　mbedに何をつなげてみる？

写真24　ラジコン用サーボモータMG16R
上の部分が一定の角度の範囲で回る.

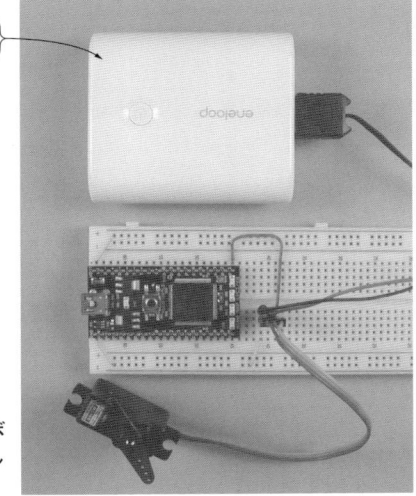

写真25　mbedとサーボモータを接続したようす

写真26　サーボモータのコネクタ
メーカによってピン配列が異なる場合がある.

◆ ソフトウェア

　サーボモータ用のライブラリServoはクックブックにありますが，PWMを設定して出力するのは難しくないので，ハンドブックのPWM出力のライブラリPwmOutを使用してみます.

　リスト6のサンプル・プログラムは，左回転，右回転を繰り返すものになっています.

リスト6　サーボモータを動作させるサンプル・プログラム（ファイル名：main.cpp）

```
#include "mbed.h"

// ライブラリの定義
PwmOut servo(p21);

int main() {
    int p;

    servo.period_us(20000);                    // パルス周期を20msに設定

    while(1)
    {
        for( p = 1000 ; p < 2000 ; p++ ) {     // パルス幅を1～2msに変化
            servo.pulsewidth_us(p);            // パルス幅を設定
            wait(0.005);                       // 0.5秒ウエイト
        }
        for( ; p > 1000 ; p-- ) {              // パルス周期を2～1msに変化
            servo.pulsewidth_us(p);            // パルス幅を設定
            wait(0.005);                       // 0.5秒ウエイト
        }
    }
}
```

3.6 microSDカードをつないでデータを記録する

● microSDカードでパソコンと大容量データをやり取りしちゃおう

音楽プレーヤや携帯電話で使われているmicroSDカードは，大容量のもので32Gバイトもの容量があります(**写真27**)．これをmbedにつないで，データを読み書きしてみましょう．

microSDカードのコネクタ(**写真28**)のはんだ付けは上級者向けです．そのため，ユニバーサル基板に直接取り付けられる形に変換してくれる変換基板や，通常のSDメモリーカードならばブレッドボードに取り付けられる**写真29**のようなmicroSDカード変換コネクタが販売されています．

◆ ハードウェア

3.1節で使用した☆board OrangeにはmicroSDカード変換コネクタが付いているので(**写真30**)，ここでは☆board Orangeを使用しましょう．さらに，3.2節の温度センサもつなげて，気温をmicroSDカードに記録したいと思います．

◆ ソフトウェア

microSDカードへのアクセスは，クックブックにあるSDCardFileSystemライブラリ(**表4**)を使えば簡単にファイルを読み書きできます．**リスト7**がサンプル・プログラムです．プログラム・ワークスペースを**図8**に示します．

写真27 microSDカードとアダプタ
このカードの容量は512Mバイト．

写真28 microSDカード・コネクタ
手作業でのはんだ付けはちょっと難しい．

写真29 ブレッドボードに接続しやすいmicroSDカード変換コネクタ

写真30 ☆board OrangeのmicroSDカード・コネクタ

図8 リスト7のプログラム・ワークスペース

第3章 mbedに何をつなげてみる？

サンプル・プログラムは，約10分おきに温度をCSVファイルとしてmicroSDカードへ保存します(**図9**)．保存する際にLEDを光らせるようにしていますが，保存中にmicroSDカードを抜かないようにするためです．

また，リセット時や電源オンの際に同じファイルに上書きするのでデータは消えてしまいます．そこはサンプルを元に工夫してみてください．

表4 SDメモリーカードを動かすSDFileSystemライブラリ

ライブラリ名	SDFileSystem
ライブラリURL	http://mbed.org/cookbook/SD-Card-File-System
本書のリファレンス	付録C SDメモリーカード・ファイル・システム(SDメモリーカードとのつなぎ方はこちらを参照)

リスト7 microSDカードに気温を記録するサンプル・プログラム(ファイル名：main.cpp)

```
#include "mbed.h"
#include "TextLCD.h"            // ライブラリのヘッダ・ファイルをインクルード
#include "SDFileSystem.h"       // ライブラリのヘッダ・ファイルをインクルード

// ライブラリの定義  使用するピンを指定する
SDFileSystem sd(p5, p6, p7, p8, "sd");       // mosi, miso, sclk, cs, name
TextLCD lcd(p24, p26, p27, p28, p29, p30);   // rs, e, d4～d7
AnalogIn ain(p15);
DigitalOut myled(LED1);

int main() {
    FILE *fp = fopen("/sd/tmp_log.csv", "w");   // csvファイルをオープン
    float tmp;
    int count = 0;

    fprintf(fp,"Temperature\n");                // 1行目に項目名を書く

    fclose(fp);                                 // ファイルをクローズ

    while(1) {
        lcd.locate(0,0);                        // 表示位置を指定する

        tmp = (ain - 0.1818)/0.00303;           // 電圧から温度に変換する

        lcd.printf("temple:%2.2f",tmp);         // 温度を表示する

        if( count >= 600 ) {                    // 600秒ごとに記録
            count = 0;
            myled = 1;                          // LEDを点灯
            fp = fopen("/sd/tmp_log.csv", "a"); // ファイルをオープン
            fprintf(fp,"%2.1f\n",tmp);          // 温度をファイルに書き込む
            fclose(fp);                         // ファイルをクローズ
        }
        wait(1);                                // 1秒ウエイト
        myled = 0;                              // LEDを消灯
        count++;                                // カウンタをインクリメント
    }
}
```

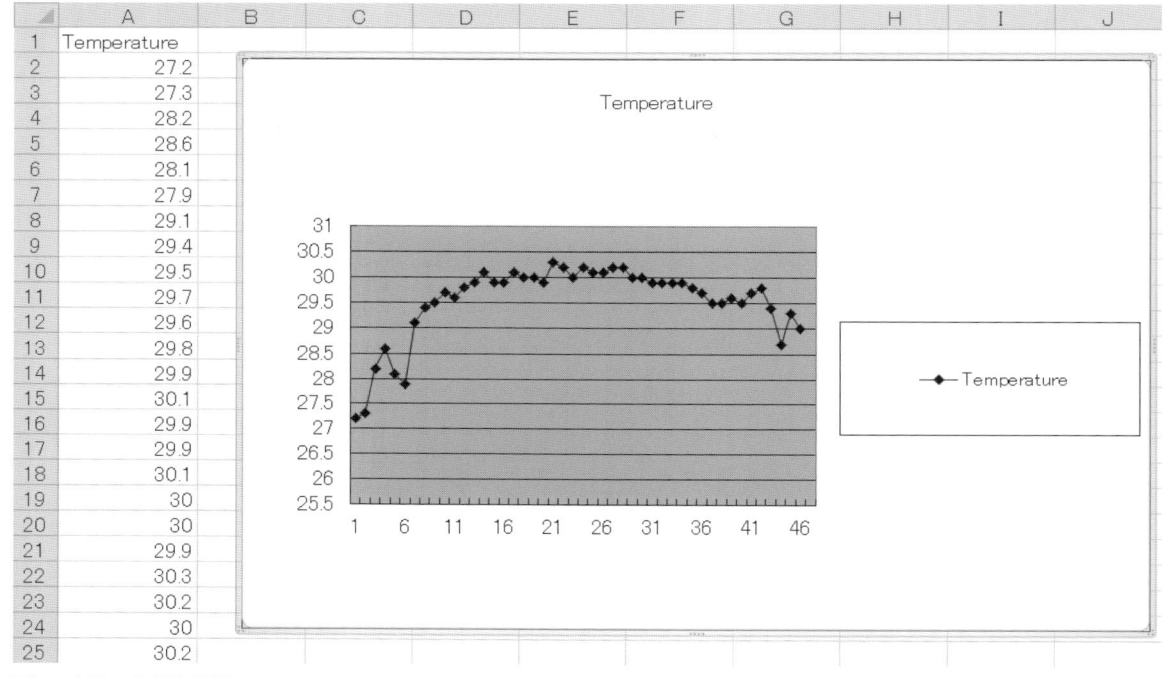

図9 実際に気温を記録したCSVファイルをExcelでグラフにしてみた

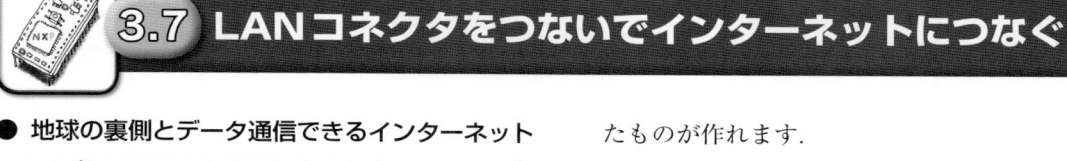

3.7 LANコネクタをつないでインターネットにつなぐ

● 地球の裏側とデータ通信できるインターネット

この章の冒頭でも説明したとおり，mbedはネットワーク(LAN)につなぐためのインターフェースが内蔵されていて，パルス・トランス内蔵のLANコネクタというものを買ってくればすぐにローカルなネットワークやインターネットを絡めたものが作れます．

例えば，
- 家電を外出先から遠隔操作(HTTPサーバ)
- 正確な時間を取得する(NTPクライアント)
- Twitterで何かをつぶやく(HTTPクライアント)

などなど面白いものが作れると思います(図10)．

写真31 Yuan Dean Scientific製のパルス・トランス内蔵LANコネクタ 46F-1211

写真32 mbedのLAN接続用の端子

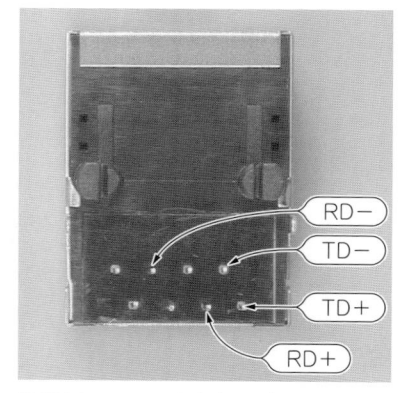

写真33 LANコネクタのピン

第3章 mbedに何をつなげてみる？

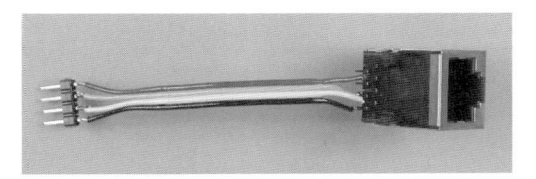

写真34 ピン・ヘッダと配線ではんだ付けしたLANコネクタ

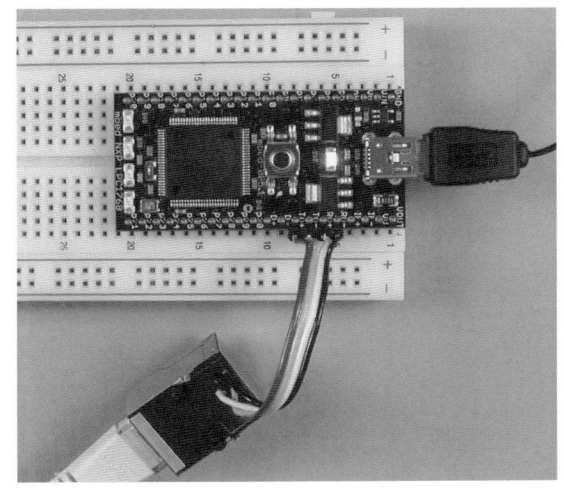

(a) 家電を外出先から遠隔操作

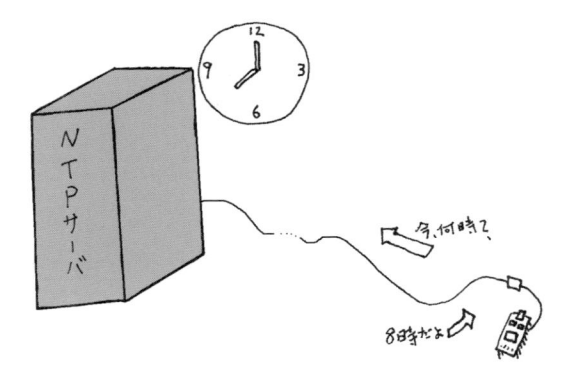

(b) 正確な時間を取得する

(c) Twitterで何かをつぶやく

図10 mbedとLANコネクタをつなぐとローカルなネットワークやインターネットを絡めたものが作れる！

写真35 ブレッドボードでmbedに接続！

図11 リスト8のプログラム・ワークスペース

だ付けしてブレッドボードに挿したmbedと接続しました（写真35）．

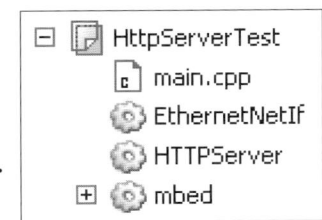

◆ ソフトウェア

mbedサイトのクックブックでは，LANを使った例がたくさん掲載されています．今回は，HTTPサーバをサンプル・プログラムとして紹介します（リスト8）．3.2節と同じように，mbedのp15に温度センサをつなげて，ウェブ・ページ上で温度も見られるようにしています．

ライブラリは，EthernetNetIfとHTTPServerをインポートしてください（表5）．プログラム・ワークスペースを図11に示します．

◆ ハードウェア

パルス・トランス内蔵のLANコネクタを用意して，4本ほど必要な配線をするだけで簡単です．写真31～写真33を参考にしてみてください．

ここでは，写真34のように，直接配線をはん

63

リスト8　HTTPサーバのサンプル・プログラム（ファイル名：main.cpp）

```cpp
#include "mbed.h"
#include "EthernetNetIf.h"            // ライブラリのヘッダ・ファイルをインクルード
#include "HTTPServer.h"               // ライブラリのヘッダ・ファイルをインクルード
// ライブラリの定義
EthernetNetIf eth;                    // イーサネット・インターフェース
HTTPServer svr;                       // HTTPサーバ
DigitalOut led1(LED1);                // 動作中表示用
DigitalOut led2(LED2, "led2");        // ブラウザ上から扱うために名前を付ける
AnalogIn ain(p15,"tmp");              // ブラウザ上から扱うために名前を付ける
LocalFileSystem fs("webfs");          // ブラウザ上からmbedドライブにアクセス

int main() {

  printf("Setting up...¥n");

  EthernetErr ethErr = eth.setup();   // ネットワークに接続

  if(ethErr) {
    // 接続異常
    printf("Error %d in setup.¥n", ethErr);
    return -1;
  }
  printf("Setup OK¥n");

  // HTTPサーバの設定
  FSHandler::mount("/webfs", "/");
  svr.addHandler<RPCHandler>("/rpc");
  svr.addHandler<FSHandler>("/");
  svr.bind(80);

  printf("Listening...¥n");

  Timer tm;
  tm.start();                // タイマ・スタート

  while(true)
  {

    Net::poll();             // ネットワーク処理
    if(tm.read()>.5)         // タイマ・スタートしてから0.5秒たったら処理する
    {
      led1=!led1;            // LEDを点滅
      tm.start();            // タイマ・スタート
    }
  }
  return 0;
}
```

第3章　mbedに何をつなげてみる？

表5　インターネットなどのネットワークに接続するためのライブラリ

ライブラリ名	EthernetNetIf
ライブラリURL	http://mbed.org/cookbook/Ethernet

(a) EthernetNetIfライブラリ

ライブラリ名	HTTPServer
ライブラリURL	http://mbed.org/cookbook/HTTP-Server

(b) HTTPServerライブラリ

● サンプル・プログラムを動かすための準備

サンプル・プログラムを動かしただけでは何も起こらないので，次の準備が必要です．

① DHCPに対応しているルータにつなぐ

お家で，ブロードバンドでインターネットに接続している場合なら，そのままルータのLAN端子につなげばOKです．

つないでからmbedの電源を入れて，しばらくしてからLEDが一つ点滅すれば成功です（図12）．

② IPアドレスを調べる

サンプル・プログラムでは，LANに接続する際の状態をシリアル通信で出力するようになっています．

普段，mbedにプログラムを書き込むために接続しているUSBは，mbedドライブとして認識されますが，シリアル通信もできるようになっています．

Windows PCの場合は，ドライバをインストールすればシリアル通信ができるようになります．インストール方法はmbedサイトのハンドブック・ページで「Windows serial configuration」をクリックして，ジャンプしたページの「Download latest driver」をクリックすればドライバのダウンロードが始まります（図13）．ダウンロードしたファイルをインストールすれば，mbedを仮想シリアル・ポートとして認識するようになります．

MacやLinuxではドライバのインストールは必要ありません．そのままシリアル・コンソールでmbedとシリアル通信ができます．

mbedとパソコンをシリアルでつなぐ準備が整ったら，シリアル・コンソールでmbedからのメッセージを確認します．

Windowsの場合はTera Termという無料で使えるシリアル・コンソールがあるので，インター

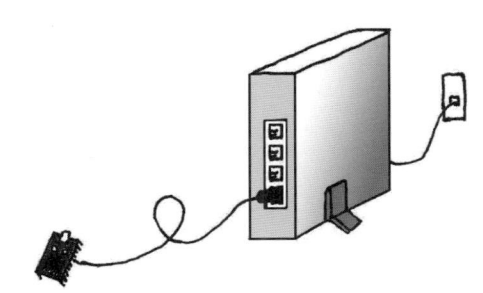

図12　ブロードバンド・ルータにmbedを接続

図13　シリアル通信用ドライバのインストール

ハンドブックのページ

Windows serial configurationのページ

65

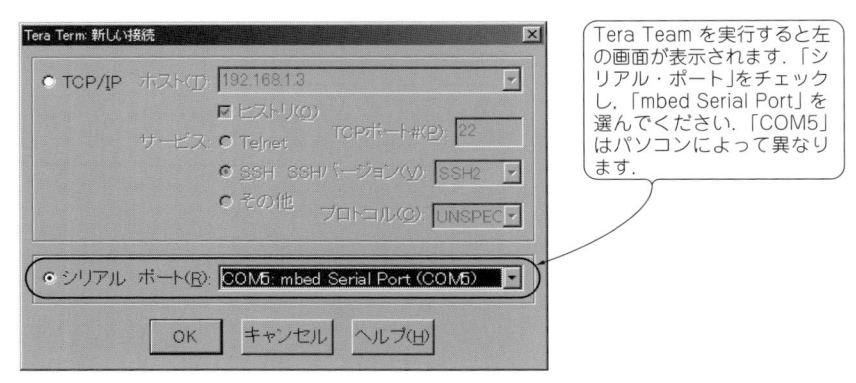

(a) 新しい接続

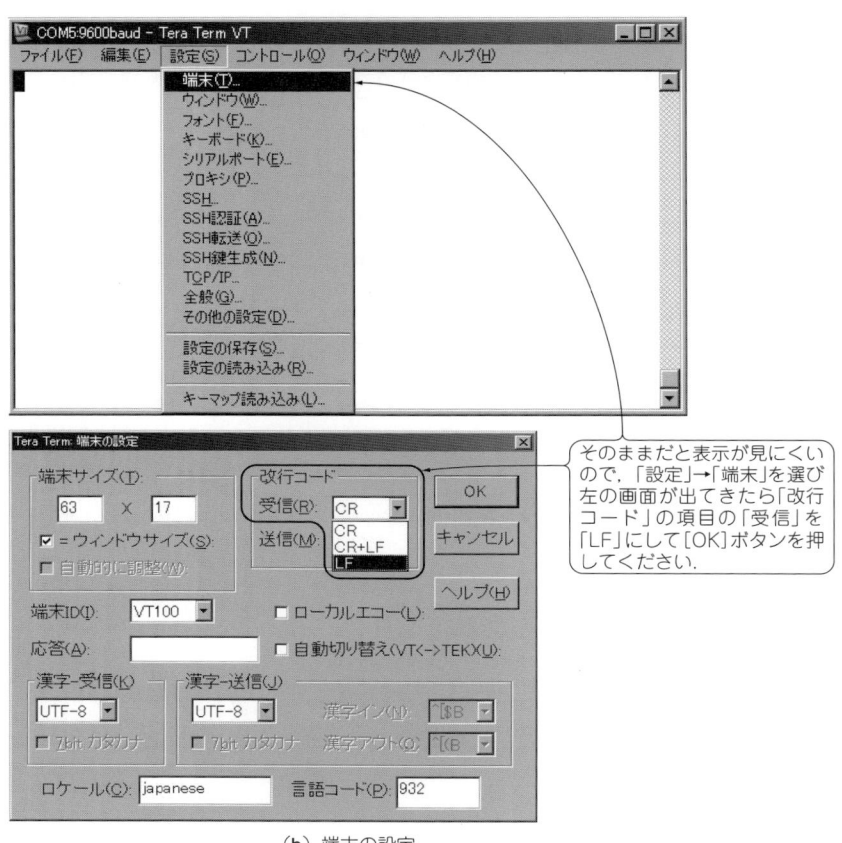

Tera Team を実行すると左の画面が表示されます.「シリアル・ポート」をチェックし,「mbed Serial Port」を選んでください.「COM5」はパソコンによって異なります.

そのままだと表示が見にくいので,「設定」→「端末」を選び左の画面が出てきたら「改行コード」の項目の「受信」を「LF」にして[OK]ボタンを押してください.

(b) 端末の設定

図14 シリアル・コンソールTera Termの設定

ネットで検索して,ダウンロードしてみてください.Tera Termの設定は図14を参照ください.

また,IPアドレスを固定することもできます.固定にすれば,ほかと同じIPアドレスにならないようにしなければなりませんが,IPアドレスを調べる必要はなくなります.その場合は,リスト9のように変更してください.

設定が終わったらLANにつないだmbedをリセットします.そうすると,Tera Term上に図15のようなメッセージが表示されるので,「IP:192.168.1.4」の部分がIPアドレスになります.

第3章　mbedに何をつなげてみる？

リスト9　IPアドレスを固定にする場合のリスト8の変更箇所
IPアドレスなどの値はそれぞれのネットワークに合った値に設定.

```
EthernetNetIf eth;
```

⬇

```
EthernetNetIf  eth(
        IpAddr(192,168,0,100),  // IPアドレス
        IpAddr(255,255,255,0),  // サブネット・マスク
        IpAddr(192,168,0,1),    // ゲートウェイ
        IpAddr(192,168,0,1)     // DNS
);
```

図15　mbedから送られたメッセージ
黒塗りの部分は個別に異なるMACアドレスが表示されている.

図16　mbedドライブに入れたmy.htm

③ mbedドライブにアクセスするファイルを用意する

サンプル・プログラムを動かすと，同じLANに接続されているパソコンのブラウザからmbedドライブ内のファイルにアクセスできるようになります．HTMLのファイルならホームページが，JPEGファイルなら画像がブラウザ上に表示されます．

サンプル・プログラムではmbed上のLED2をブラウザからON/OFFできるようになっています．my.htmというファイルを用意してホームページ上のボタンでON/OFFをできるようにしてみます．

Windowsならメモ帳などでリスト10のページ

67

リスト10　アクセス用HTMLファイル(my.htm)

```
<html>
<head>
<title>
LED2 ON/OFF 温度表示
</title>
</head>
<body>

<script language="javascript">

var Button = 0;

function button_push(flug) {
if (Button==0){
    Button = 1;
    document.Form.FormButton.value = "Off";
} else {
    Button = 0;
    document.Form.FormButton.value = "On";
}
var req = new XMLHttpRequest();
    req.open( "GET", "http://" + location.host + "/rpc/led2/write+"
             + Button, true );
    req.send("");
}

function tick() {
var req = new XMLHttpRequest();

    req.open( "GET", "http://" + location.host + "/rpc/tmp/read",
             false );
    req.send("");

    if(req.status == 200) {
     var value = ((req.responseText - 0.1818) / 0.00303);

     value = value * 100;
    value = Math.round(value) / 100;
    document.Form.textbox.value = value;
    }
}
setInterval("tick()",1000);

</script>
 <form name="Form" action="#">
 LED2：
 <input type="button" value="On" name="FormButton" onclick="button_push(0)">
 <br>
 温度：
 <INPUT TYPE="text" NAME="textbox" size = 5>

</body>
</html>
```

第3章　mbedに何をつなげてみる？

のプログラムを書き，`my.htm`という名前で保存してmbedドライブに入れてください（**図16**）．

以上で準備は完了です．

あとはブラウザで，
`http://(調べたIPアドレス)/my.htm`
を開いてみてください．

図17はiPhoneのブラウザで表示させてみたところです．

図17　ブラウザでmbedドライブ上のmy.htmを開いたところ
1秒間隔で温度が更新されている．「On」と書かれたボタンを押すごとにLED2がON/OFFする．

3.8 GPSモジュールをつないで地球上の自分の位置を測る

● GPS衛星をとらえよう

車の運転中や歩いているときに，カーナビや携帯で現在位置を知ることができるのは，あたりまえのようになってきましたね．それには，GPS（Global Positioning System：グローバル・ポジショニング・システム）という仕組みが使われているのを知っていますか？

GPSは，複数のGPS衛星から電波を受けることで，地球上の位置がわかる壮大なシステムです．一般的に広まっていることもあって，GPSを扱うことができる小型のGPSモジュールは，安価で手に入れることができます（**写真36**）．

ここでは，この小型GPSモジュールGT-720Fをmbedにつなげてみます．

GPSモジュールGT-720FからはRS-232-Cというシリアル通信でデータを受け取ることができるので，mbedのシリアル入力につないじゃいます．

とりあえず，パソコンにつないでデータを見て

みると，**図18**のような文字が出力されています．

なんだか謎の文字列が並んでいますね．これはNMEA-0183という形式のデータで，この中に位置や高度，時刻などの情報が含まれています．例えば，位置であれば以下の文字列になります．

```
$GPRMC,120236.000,V,0000.0000,N,
0000.0000,E,000.00,000.00,280606,
,,N*78
```

写真36
GPSモジュール
GT-720F
秋月電子通商で購入できる．
URL は http://akizukidenshi.com/catalog/g/gM-02711/

69

このメッセージは衛星を捕捉していない状態で，初めて捕捉するときは，屋外にGPSモジュールを持ち出してから5分ぐらいかかります．

衛星を捕捉した状態になると，GPSモジュールの赤いLEDが点滅します．

◆ ハードウェア

GPSモジュールGT-720Fのデータシートには，パソコン用のシリアル入出力端子しか書かれていません．しかし，**写真37**のように，NCという端子がmbedにもつなげられるTTLという電圧レベルのシリアル出力になっています．ちなみに，TTLとはTransistor-Transistor Logicの略です．

コネクタの片方をピン・ヘッダに交換し，**表6**のとおりmbedにつなぎました（**写真38**）．

◆ ソフトウェア

リスト11がサンプル・プログラムです．サンプル・プログラムでは，$GPRMCというメッセージで始まる文字列のみをmbedドライブ上のファイルに約1秒おきに保存していくプログラムになっています．

このファイルをツールで変換して，Google Earthで読み込むことで地球上を歩いた軌跡が表示できます．その方法もあわせて紹介します．

GPSモジュールは1秒に1回，それぞれ「$GPGGA」，「$GPGSA」，「&GPRMC」で始まって改行で終わるメッセージを出力します．出力されたデータで「$」から改行で終わるメッセージを解析して，「$GPRMC」で始まる文字列を探し，10回に1回，mbedドライブ上の「NMEA.log」というファイルに追記する形で書き込みます．

このロギングしたファイルは，gpsbabelというソフトウェアで変換することで，Google Earthに読み込ませることができます．両方ともフリー・ソフトウェアなのでお手軽です．

● GPSデータ変換ソフトウェアgpsbabel

いろいろな形式のGPSデータを相互変換できるソフトウェアです．以下のURLでダウンロードすることができます．

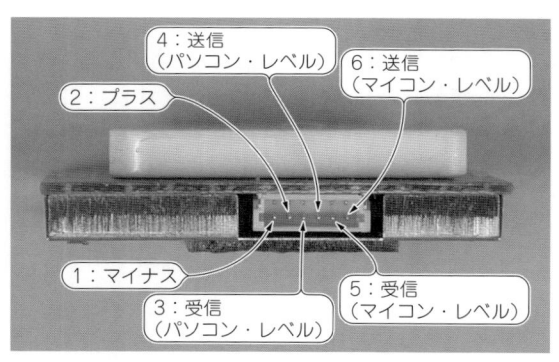

写真37 GPSモジュールのピン配置

表6 GPSモジュールとmbedの接続

GPSモジュール	mbed
1：マイナス	GND
2：プラス	VOUT
6：送信（マイコン・レベル）	p10

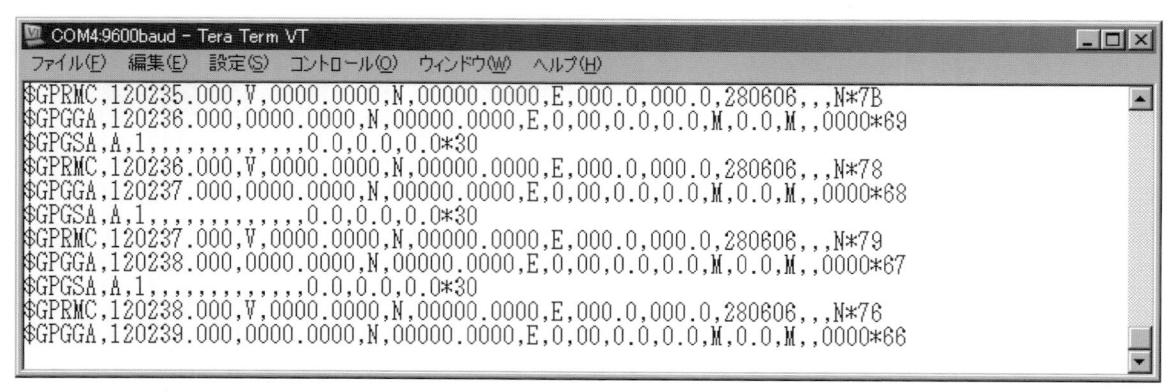

図18 GPSモジュールから出力されるデータ列（NMEA-0183形式）

```
http://www.gpsbabel.org/
download.html
```
ダウンロードして普通にインストールすれば使用できます．実行すると**図19**のような画面になり，入力するデータと出力するデータの形式を指定して，[Apply]ボタンを押すだけです．

形式の指定は以下になります．

- 入力データ
  NMEA 0183 sentences
- 出力データ
  Google Earth（Keyhole）Markup Language

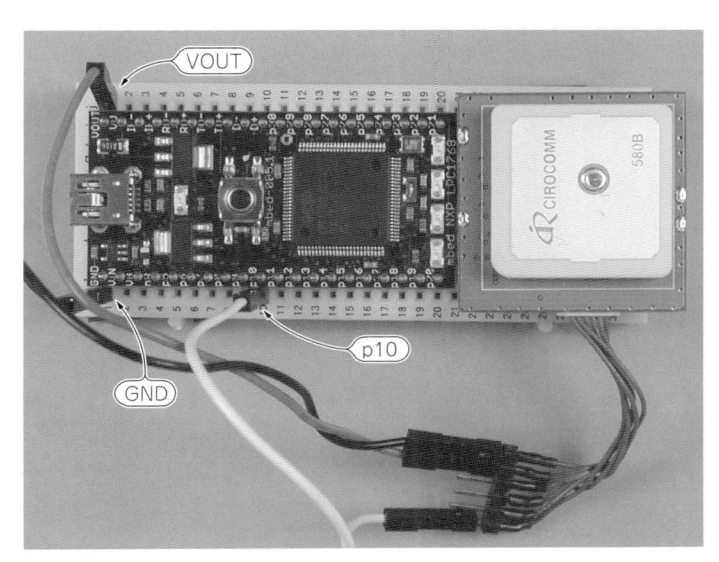

写真38 GPSモジュールとmbedをつなげた

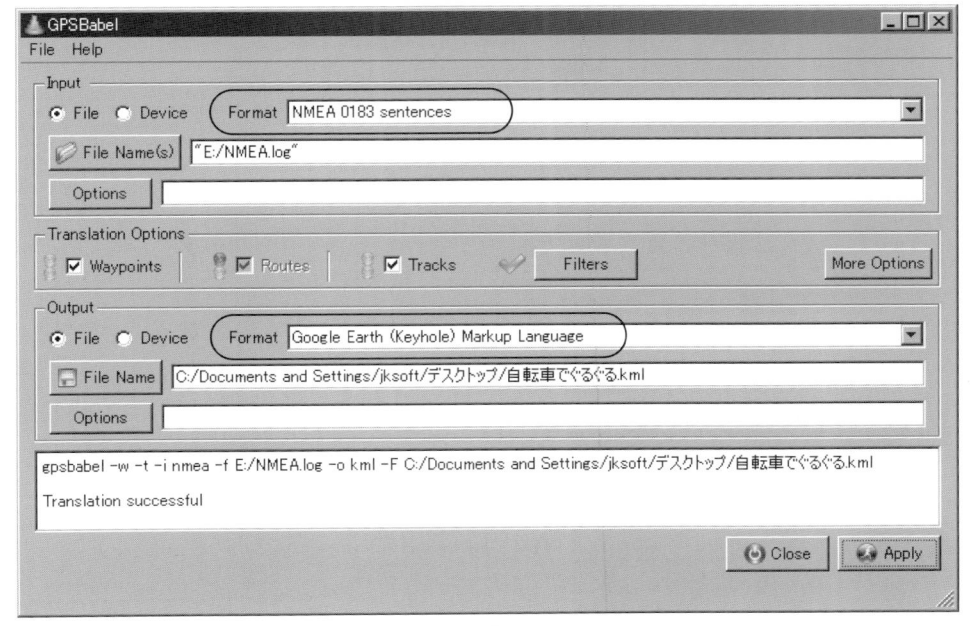

図19 GPSデータ変換ソフトウェアgpsbabelの画面

リスト11　GPSのデータをロギングするサンプル・プログラム（ファイル名：main.cpp）

```cpp
#include "mbed.h"

// ライブラリの定義
DigitalOut led(LED1);
LocalFileSystem local("local");
Serial gps(p9, p10);   // tx, rx

int main() {

    char rcv[256];
    int count = 0;
    int log_count = 0;
    FILE *fp;

    gps.baud(9600);                    // GPSにつながるポートのボー・レートを設定

    while(1) {
        if(gps.readable()) {          // GPSから受信があった場合の処理
            rcv[count] = gps.getc();
            if( rcv[count] == '$' ) { // $から受信データを保持する
                rcv[0] = '$';
                count = 1;
            }
            else if( rcv[count-1] == '\r' && rcv[count] == '\n' ) {
                // 改行コードまでのデータを解析する
                rcv[count+1] = '\0';

                if(memcmp(rcv, "$GPRMC",6) == 0) {
                // $GPRMCで始ってれば10回に1回ファイルへ書き込む
                    if(log_count >= 10) {
                        log_count = 0;
                        led = 1;
                        fp = fopen("/local/nmea.log", "a");
                        if( fp != NULL ) {
                            fprintf(fp,"%s",rcv);
                            fclose(fp);
                        }
                    } else {
                        led = 0;
                        log_count++;
                    }
                }
                count = 0;
            } else {
                count++;
            }
        }
    }
}
```

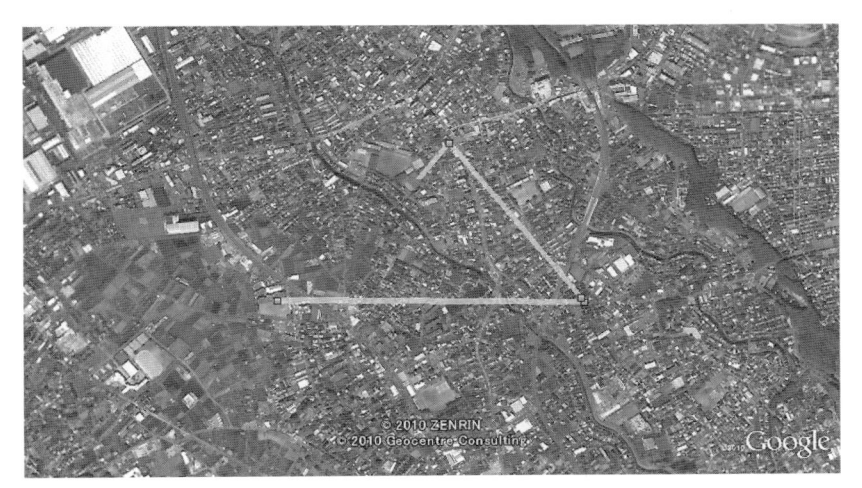

写真39　Google Earth上に表示された走行経路

● Google Earth

　知っている人も多いかもしれませんが，地球上のいろんな場所を衛星写真などで見ることができるバーチャル地球儀のソフトウェアです．Googleで検索すれば出てくるので，ダウンロードやインストールの方法は割愛します．

　Google Earthがインストールされていると先ほど変換したファイルの拡張子「.kml」はGoogle Earthに関連付けされているので，変換したファイルをダブルクリックすればGoogle Earthが実行されます．

　写真39がロギングされたGPSのデータで表示された，私が自転車で走った走行経路です．

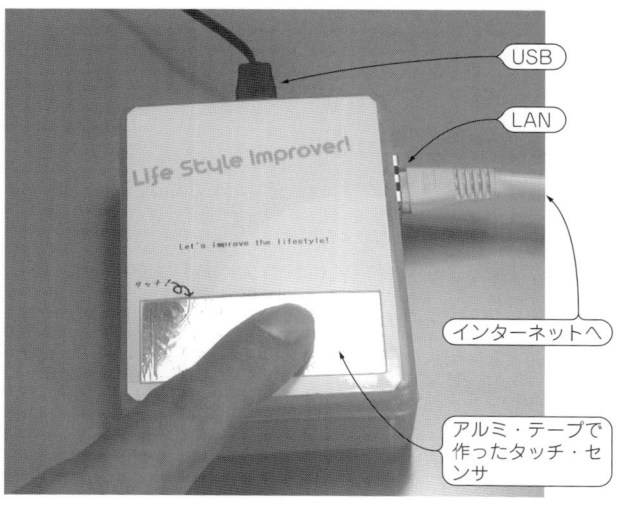

第4章 レシピが満載!!! mbedを使った簡単&便利な製作例

写真1
ライフ・スタイル改善Twitterつぶやきマシン
（4.1節で解説）
「ライフ・スタイル改善Twitterつぶやきマシン」は決まった時刻にボタンを押さないとまともなつぶやきができないという装置．例えば，朝7：00に起きないと「おはようございます」というつぶやきができない上に，その時刻を過ぎると「寝坊なう」というつぶやきになってしまうというもの．もちろん，Twitterでつぶやくのでフォロワに悪い生活スタイルがバレてしまう．

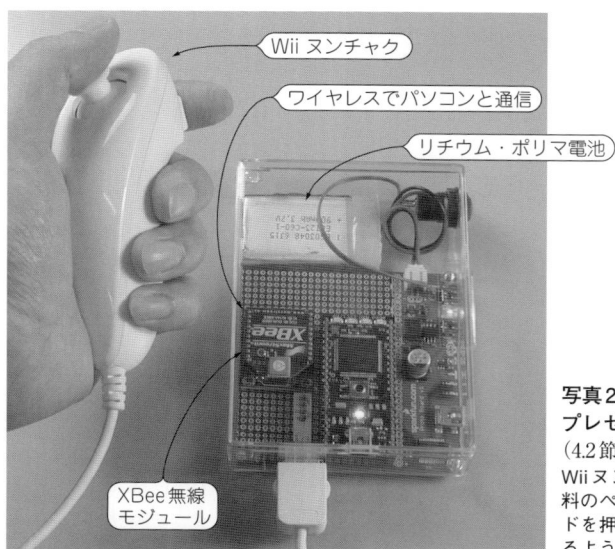

（写真1ラベル：USB／LAN／インターネットへ／アルミ・テープで作ったタッチ・センサ）

写真2
プレゼンで目立とうWiiヌンチャク・スライド・コントローラ
（4.2節で解説）
Wiiヌンチャクでマイクロソフトのパワーポイントなどのプレゼン資料のページがめくれてしまう装置．ヌンチャクを操作するとキーボードを押したのと同じ動作になる．パソコンから離れていても操作できるようにZigBeeという無線通信方式を使ってワイヤレスにした．

（写真2ラベル：Wiiヌンチャク／ワイヤレスでパソコンと通信／リチウム・ポリマ電池／XBee無線モジュール）

第4章　mbedを使った簡単＆便利な製作例

4.1 ライフ・スタイル改善Twitterつぶやきマシン

Twitter しよう

● 超人気のTwitter

みなさんはTwitterを使っていますか？Twitterは140文字以内で今を表現して，みんなで共有できるインターネット上のサービスです．

ただ思いついたことや「今ここにいる」など，気軽に情報を共有できることから日本では爆発的にユーザが増えています（図1）．この140文字以内で文を書いて投稿することを「つぶやき」と呼びます．

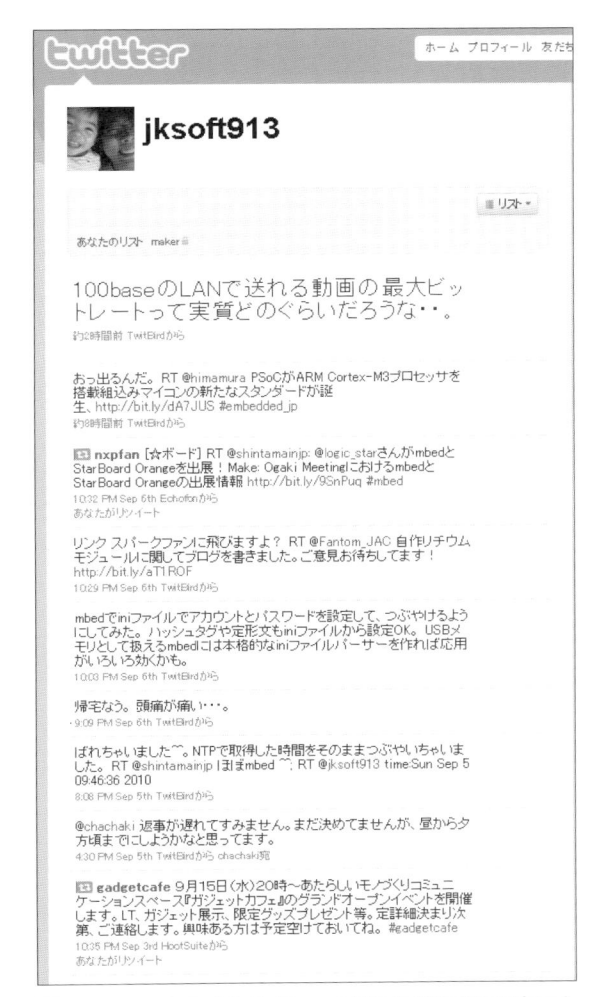

通常は，Twitterのウェブ・ページや多数出ているTwitterクライアント・ソフトウェアでログインして「つぶやき」ますが，mbedからもLAN経由でインターネットにつなぐことで同様のことができます．

● mbedでTwitterは超簡単

mbedからTwitterにつぶやくのはとても簡単で，決まった文をつぶやくだけならリスト1のプログラムとちょっとした設定だけでできちゃいます．

リスト1の①につぶやく内容，②にユーザ名，③にパスワード（このパスワードはTwitterのパスワードではなく，後に説明するSuperTweet.Netで設定したパスワード）を入れてください（ただし，mbedのプログラミング環境は日本語が使えないので，つぶやく内容には半角英数字のみしか使用できない）．

それから，ライブラリのインポートも必要です．図2のライブラリを検索してインポートしてください．

また，Twitterの投稿サンプル・プログラムは，「https://mbed.org/users/nxpfan/code/TwitterExample/で公開されているので，そこからライブラリごとインポートすることもできます（図3）．

ただし，プログラムの以下の部分を変更する必要があります．

図1　Twitterのタイムライン．つぶやきが時刻順に表示されている

図2　インポートする二つのライブラリ
EthernetNetIf
HTTPClient

75

```
HTTPResult r =
 twitter.post("http://api.
 supertweet.net/1/statuses/
 update.xml", msg, NULL);
```

↓

```
HTTPResult r =
 twitter.post("http://api.
 supertweet.net/1.1/statuses/
 update.json", msg, NULL);
```

● ユーザ認証はSuperTweet.Netで

かつてTwitterのユーザ認証は仕組みが簡単なBASIC認証という方式を使っていました．しかし，BASIC認証はセキュリティが弱いので2010年夏に廃止になり，セキュリティの高いOAuth認証などの認証方式のみになりました．

OAuth認証は仕組みが複雑でmbedに組み込むのは大変なので，ライブラリではこの認証を代行してくれる「SuperTweet.Net」というTwitter APIのプロキシを使用するようになっています．

これを使用するには，あらかじめSuperTweet.NetのサイトでTwitterのアカウントを登録する必要があります．

● SuperTweet.Netの登録方法

① 以下のサイトにアクセスして，「Sign in with Twitter」をクリックします(図4)．
   http://www.supertweet.net/
② 図5の画面になるので，Twitterのアカウント名とパスワードを入れて「許可する」をクリックします．
③ 図6の画面になるので「Activate」をクリックしてパスワードを入れます(注意：このパスワ

リスト1　Twitter投稿テスト・プログラム

```
#include "mbed.h"
#include "EthernetNetIf.h"
#include "HTTPClient.h"

EthernetNetIf eth;

int main() {

  EthernetErr ethErr = eth.setup();

  if(ethErr) {
    return -1;
  }

  HTTPClient twitter;

  HTTPMap msg;
  msg["status"] = "Tweet from mbed.";    ①
  twitter.basicAuth("myuser", "mypass");

  HTTPResult r =              ②          ③
      twitter.post("http://api.supertweet.net/1.1/statuses/update.
      json",msg, NULL);

  return 0;

}
```

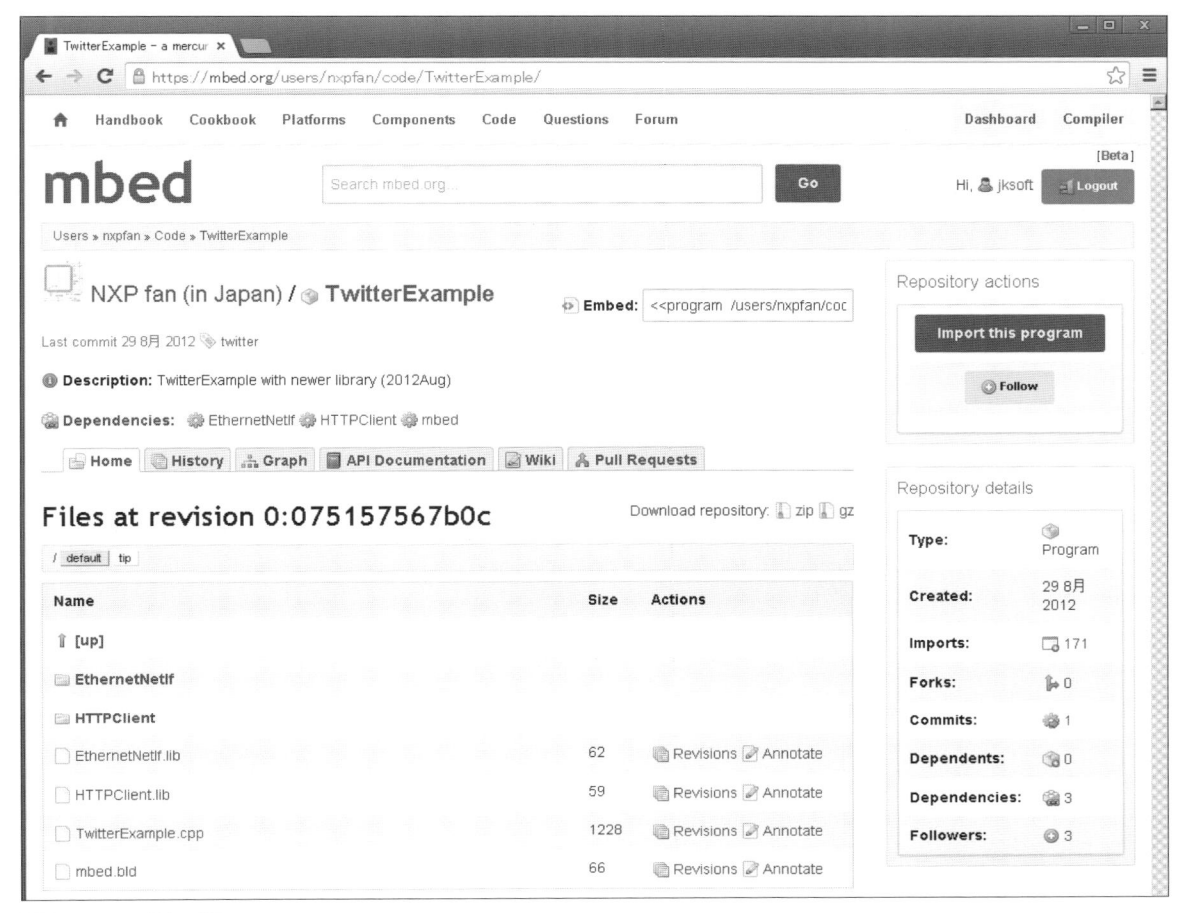

図3 Twitterサンプル

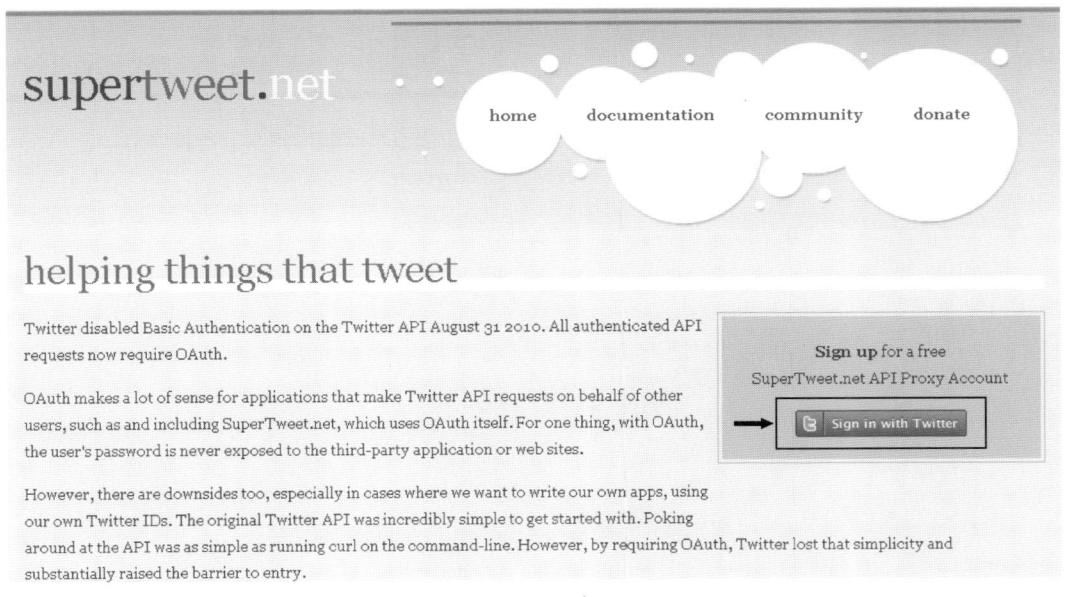

図4 SuperTweet.Netのサイト（http://www.supertweet.net/）

図5　Twitterの認証画面

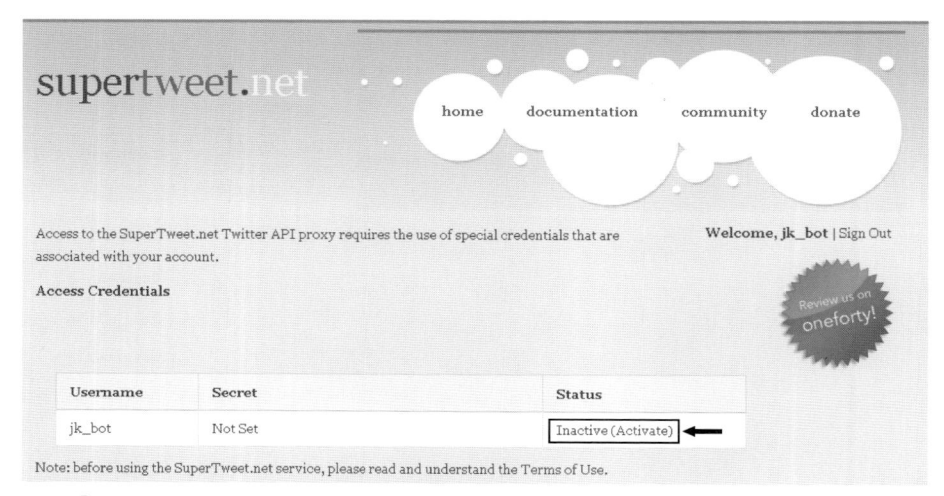

図6　「Activate」をクリックしてパスワードを入れる

図7　パスワードを入力した後のStatus表示

ードはSuperTweet.Net用のパスワードでTwitterとは異なるものを入れる）．

パスワード入力後，「Status」が図7のようになればOKです．

これで準備はできました．あとはmbedをインターネットにつなぎ（第3章3.7節参照），電源を入れればmbedからTwitterへつぶやかれます．

ライフ・スタイル改善 Twitterつぶやきマシンのスペック

● 決まった時間にボタンを押さないと…

先のサンプルのままでは，決まった内容しかつぶやけないし，つぶやく内容に日本語が使えないのでつまらないです．

そこで「ライフ・スタイル改善Twitterつぶやきマシン」というものにしてみます．これは，決まった時間にボタンを押さないとまともなつぶやきができないという装置です．例えば，朝7：00に起きないと「おはようございます」というつぶやきができないうえに，その時間を過ぎると「寝坊なう」というつぶやきになってしまうというものです．

第4章 mbedを使った簡単&便利な製作例

もちろん，Twitterでつぶやくのでフォロワに悪い生活スタイルがバレてしまいます．装置の概要を決めたところで，どう実現するかを考えていきましょう．

● 時刻の取得

まずは，装置自体が時刻を知る方法が必要なので，mbedに時間を知らせる方法を検討します．

mbedはRTC(Real Time Clock)という時刻を数える機能を持っています．今の時刻を教えてあげればあとはmbedが数えてくれます．

パソコンから時刻を設定してもいいですが，インターネットにつなぐのが前提なのでNTP(ネットワーク・タイム・プロトコル)という仕組みを使って，インターネット上のNTPサーバから正確な時刻を取得することにします．

● 日本語のつぶやき

ちょっと前にも書いたとおりmbedのプログラミング環境では日本語が使えないので，日本語でつぶやく方法を考えなくてはなりません．

mbedはUSBドライブとして認識される部分に置いたファイルをプログラムからも読めるので，つぶやく内容を書いたテキスト・ファイルをパソコンからドライブに置いて，そこから読み込むようにします．

ついでに，Twitterのアカウント名とパスワードもファイルから読み込むようにします．

● ボタン

普通にボタン・スイッチを使ってもいいですが，簡単に押せるようにしたいので，タッチ・センサにしてみます．タッチ・センサといっても，抵抗一つとアルミ・テープでできる簡単なものにします．

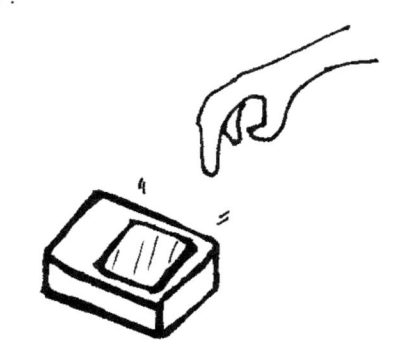

● 動作の反応

ボタンが押されたことやつぶやきに成功したことなど，反応がないと動いているのかわからないので，圧電ブザーを付けて音を鳴らしたいと思います．

部品と接続図と組み立て

いろいろ機能を考えましたが，部品は**写真3**，**表1**のものだけです．ケースにも入れたいので，

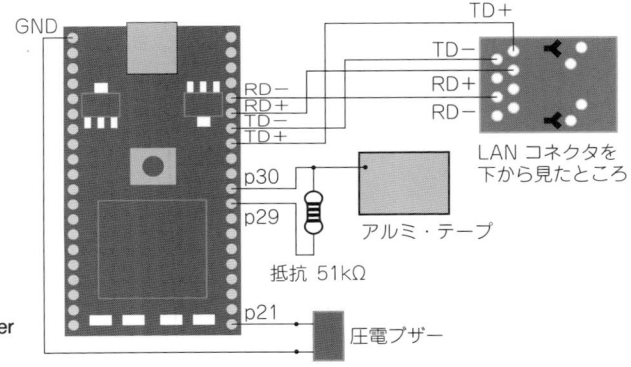

図8
ライフ・スタイル改善Twitter
つぶやきマシンの接続図

79

(a) ハーフ・ピッチ両面スルーホール・ガラス・ユニバーサル基板
穴の間隔が1.27mm．通常のユニバーサル基板は2.54mmなので注意．

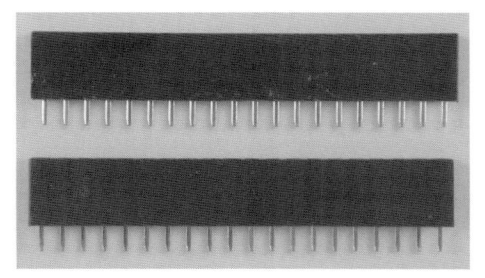

(b) mbedを装着する20ピンのピン・ソケット
ピンの間隔は2.54mm．

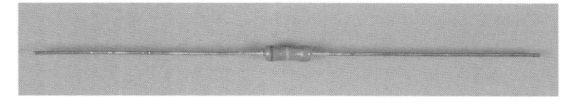

(c) 51kΩの抵抗
カラー・コードは緑茶オレンジ．

(d) パルス・トランス内蔵LAN用モジュラ・ジャック
パルス社のJ0011D21BNL．

(e) mbed

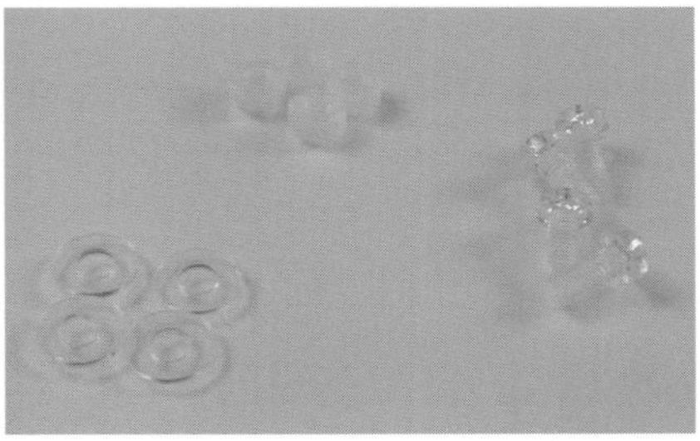

(f) プラネジ，ナット，ワッシャ

(g) 圧電サウンダ
発振回路を内蔵していないもの．

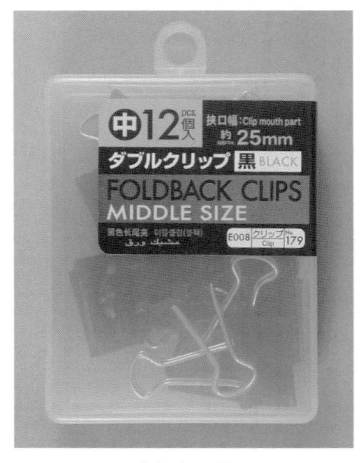

(h) ケース
100円ショップで売っていたクリップ入りケースを流用した．

(i) アルミ・テープ

写真3 「ライフ・スタイル改善Twitterつぶやきマシン」で使用する部品

第4章 mbedを使った簡単&便利な製作例

100円ショップで買ったクリップのケースを使いました．

接続図は**図8**のようになります．部品とつなぎ方を決めたら，実際に基板に部品を配置していきます．

● パルス・トランス内蔵LANモジュラ・ジャック（LANコネクタ）

LANのコネクタはしっかり固定できるように足が付いています．今回は金属製のケースから出ている足は折り曲げて，プラスチックの足は基板に穴をあけて挿しました．

LANの状態を示すLEDも取り付けられ，足が出ていますが使用しないので切りました．基板に取り付けたらはんだ付けします(**写真4**)．

● mbed取り付け用ピン・ヘッダ

ピン・ヘッダ(20ピン)はそのままだとはんだ付けしにくいので，mbedを取り付けた状態で四つの端っこのピンのみをはんだ付けしてからmbedを外してすべてのピンをはんだ付けします(**写真5**)．

● 51kΩの抵抗

抵抗は足を折り曲げて取り付けます．二つの足

表1 ライフ・スタイル改善Twitterつぶやきマシンの部品表

番号	部品名	値, 寸法など	数量	備考
(a)	ハーフ・ピッチ両面スルーホール・ガラス・ユニバーサル基板	72×48mm	1	通常のユニバーサル基板と比べて半分のピッチ．LANコネクタがそのまま取り付けられる．秋月電子通商で購入できる．http://akizukidenshi.com/catalog/g/gP-00186/
(b)	ピン・ソケット	20ピン	2	mbedを取り外し可能にする．
(c)	抵抗	51kΩ	1	タッチ・センサ用．カラー・コードは緑茶オレンジ
(d)	パルス・トランス内蔵LAN用モジュラ・ジャック	―	1	秋月電子通商で購入できる．http://akizukidenshi.com/catalog/g/gP-00819/
(e)	mbed	―	1	
(f)	プラネジ，ナット，ワッシャ	―	各4	基板をケースに固定するためのもの．金属製でもOK．
(g)	圧電サウンダ	―	1	一般的な圧電サウンダ．発振回路は内蔵していないタイプ．
(h)	クリップ入りケース(ケースを使う)	―	1	100円ショップで購入した．基板が収まるサイズならなんでもOK．
(i)	アルミ・テープ	―	1	100円ショップで購入した．台所の補修用として売られている．

(a) LANコネクタを取り付けやすいように加工

(b) 足を挿すためにドリルで穴あけ

(c) 試しに基板に挿したLANコネクタ

写真4 LANコネクタ取り付けのようす

をはんだ付けしたら，余分な足は切り取ります(**写真6**).

● 配線

部品をひととおりはんだ付けしたら接続図(**図8**)に従って，つなげていきます(**写真7**).つなげる線は抵抗の切り取った足やスズメッキ線，はんだ付けしても被覆の溶けないラッピング・ワイヤなどがよいでしょう．

● ケースに取り付け

すべての配線が終わったらケース加工です．クリップを取り出し，基板を取り付けるためにケースに穴をあけます．

写真5　ピン・ヘッダ取り付けのようす

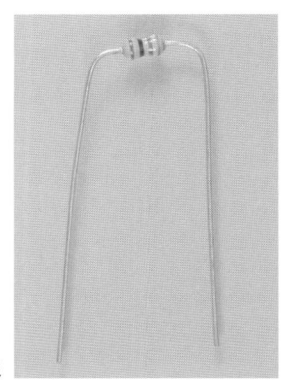

写真6　折り曲げた抵抗の足

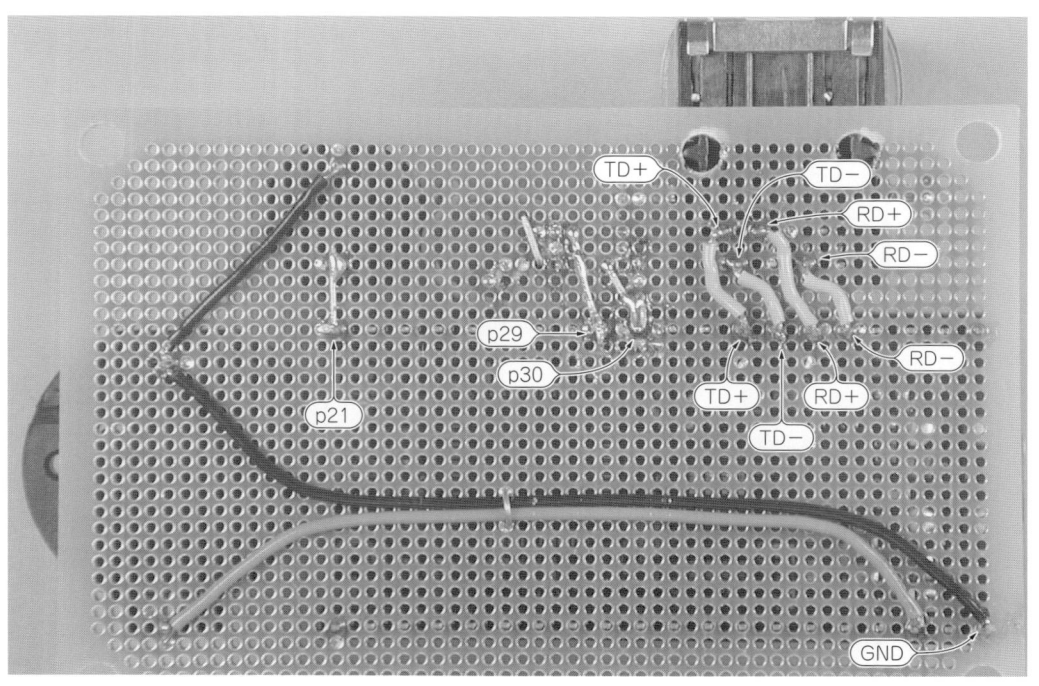

写真7　基板の配線の状態

第4章 mbedを使った簡単&便利な製作例

基板をネジで固定するための穴，LANコネクタやタッチ・センサの配線，mbedのUSBコネクタが出る穴をケースにあけます（**写真8**）．

● タッチ・センサ

ケースに基板を取り付けたら，タッチ・センサのためのアルミ・テープを短く切って取り付けます．アルミ・テープは粘着剤付きのものだったので，配線を穴から出してその上からアルミ・テープを張りました（**写真9**）．

写真10にはボタン電池用のケースが取り付けられていますが，これは電源を切っても時刻を保持するためのもので，今回はネットワークで時刻を取得できるので不要です．

● デコレーション

ちょっと見た目が悪いので，デコレーションしてみました．これは好みでどうぞ！

これでハードウェアは完成です（**写真11**）．

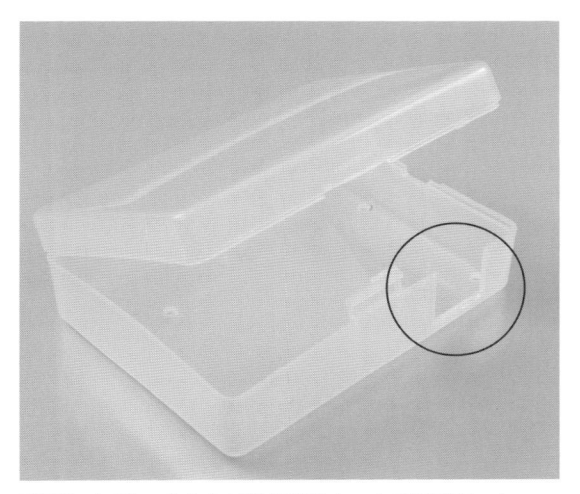

写真8 LANコネクタが出る穴はカッタで切り取った

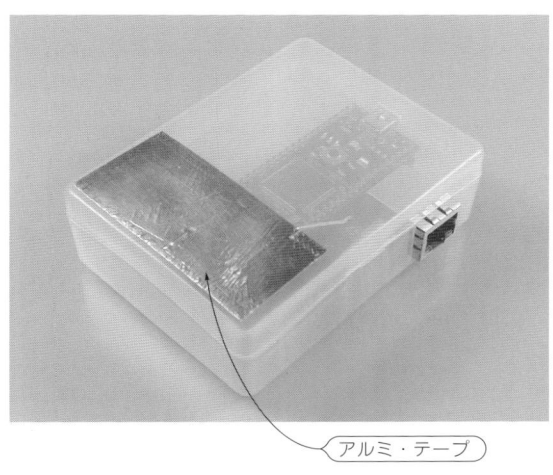

写真9 タッチ・センサ用のアルミ・テープを取り付けたようす

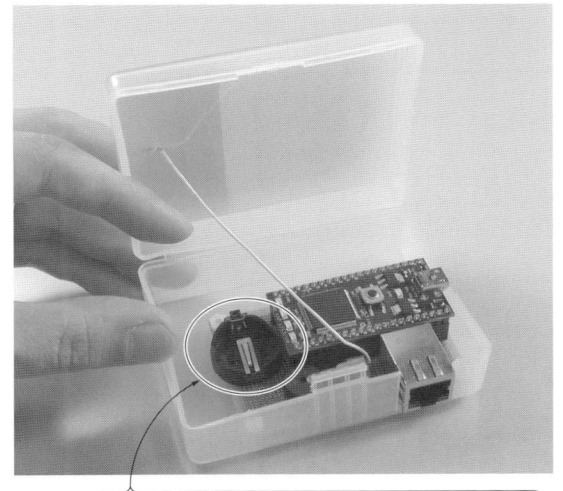

写真10 ケースの内部．ボタン電池用のケースは不要

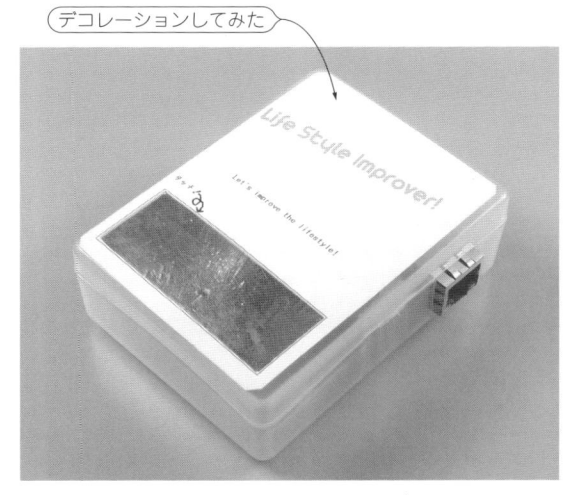

写真11 ちょっと見た目が悪いので，デコレーションしてみた．これは好みでどうぞ！

```
TCP/IP Networking
  • Networking - getting started
  • Ethernet - physical connection and setup
  • Sockets API - use sockets, DNS, and connection-oriented services
  • Networking Stack Releases - TCP/IP stack versions
  ┌─────────────────────────────────────────────┐
  • │ HTTP Client - GET and POST requests        │
  • │ HTTP Server - handle HTTP requests         │ ←
  • │ NTP Client - set the RTC                   │
  └─────────────────────────────────────────────┘
  • Twitter - post to twitter
  • Pachube - post to pachube.com
  • MySQL Client - connect to MySQL
```

図9 NTPクライアントとHTTPクライアントはライブラリを使う

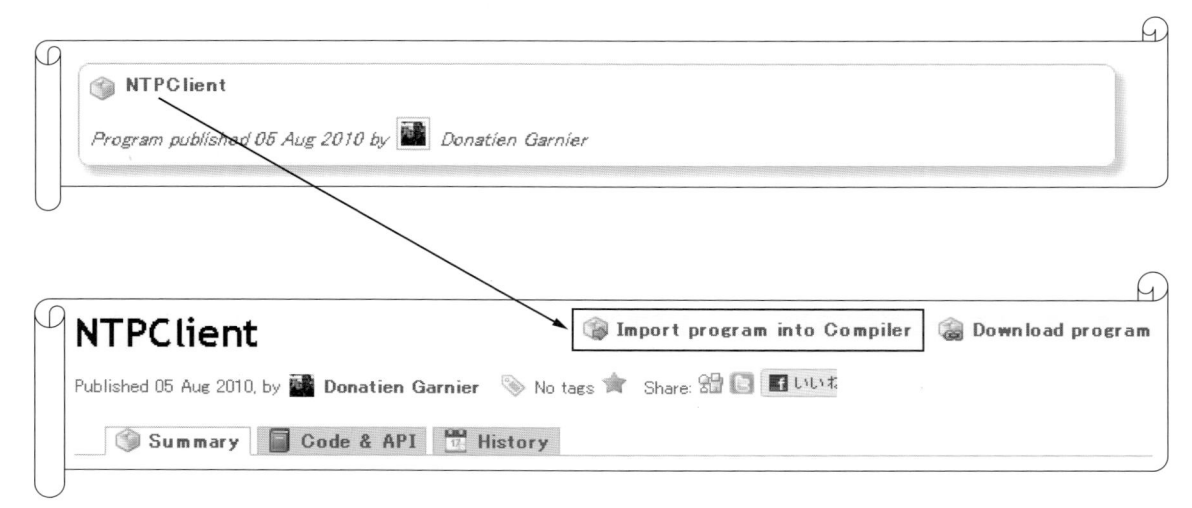

NTPClient
Program published 05 Aug 2010 by Donatien Garnier

NTPClient
Published 05 Aug 2010, by Donatien Garnier   No tags   Share: いいね
Summary | Code & API | History
Import program into Compiler   Download program

図10 クックブックからNTPクライアントのライブラリをインポート

リスト2 NTPクライアントに必要な定義

```
#include "EthernetNetIf.h"
#include "NTPClient.h"

EthernetNetIf eth;
NTPClient ntp;
```

リスト3 NTPサーバから時刻を取得してRTCをセットするプログラム

```
EthernetErr ethErr = eth.setup();    // Ether接続を行う．
if(ethErr)
{
  return -1;       // 接続失敗
}

Host server(IpAddr(), 123, "0.uk.pool.ntp.org");    // NTPサーバに接続
ntp.setTime(server);     // 取得した時間をRTCにセット
```

ソフトウェアを作る

次にソフトウェアを準備します．時刻を取得するNTPクライアントやTwitterにつぶやくHTTPクライアントはライブラリがあるので，それを使って実現します（図9）．

● NTPクライアント

クックブックからライブラリをインポートして，サンプル・プログラムを参考にします（図10）．

NTPクライアントに必要な定義は，**リスト2**のようになります．NTPサーバから時刻を取得してRTCをセットするプログラムは，**リスト3**のようになります．

取得した時間はUTC（世界標準時間）なので，9時間前の時間になってしまいます．リスト4のようにすると，簡易的にJST（日本時間）に変換できます．

● タッチ・センサ

タッチ・センサはmbedのI/Oポート二つを使って実現します．I/Oポートの間に抵抗を取り付け，片方をディジタル出力，もう片方をディジタ

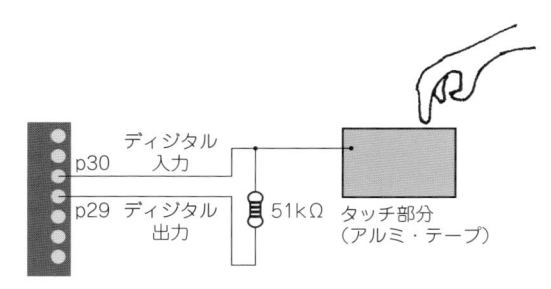

図11 タッチ・センサの接続図

リスト4 簡易的にUTC（世界標準時間）をJST（日本時間）に変換するプログラム

```
time_t ctTime;                          // 絶対時刻用の変数宣言
struct tm *jst_time;                    // 時刻用の構造体で変数宣言

ctTime = time(NULL);                    // RTCからの絶対時刻を取得
ctTime += 32400;                        // UTCからJSTに変換
jst_time = localtime(&ctTime);          // 時刻用構造体に変換

// 時刻を表示
printf("%d:%d:%d¥n", jst_time-> tm_hour, jst_time-> tm_min, jst_time-> tm_sec);
```

リスト5 タッチ・センサに使用するディジタル入力と出力の定義

```
DigitalOut t_p(p29);
DigitalIn  touch(p30);
```

リスト6 タッチ・センサに指が触れたかどうかを検出するプログラム

```
int touch_count = 0;

t_p = 1;              // ディジタル出力をON
touch_count = 0;      // カウント値初期化

// ディジタル入力がHighになるかカウントが10000以上になるまでループする．
while((touch != 1) && (touch_count < 10000))
{
    touch_count++;
}
t_p = 0;              // ディジタル出力をOFF
```

ル入力として扱います(図11).

ディジタル出力から3.3Vを出力してからディジタル入力で3.3Vを検出するまでの時間を測ります．そうすると，タッチ部分に触れているときと触れていないときで時間の差が出ます．

これは，指が触れると静電容量に変化が起こり，ディジタル入力側に電圧がかかるまでの時間が変わるためです．この時間の変化を検出してタッチ・センサとします．

タッチ・センサに使用するディジタル入力と出力の定義を**リスト5**に示します．

検出部分を**リスト6**に示します．ディジタル出力をONにして，ループでディジタル入力がONになるまでカウントします．このカウント値がタッチしていれば10000未満になります．

● ブザー

圧電ブザーは発振回路が内蔵されていないタイプを使用しているので，mbedのPWM出力を使って音を鳴らします．

PWM出力も標準ライブラリの関数を使えばよいので，簡単に音を鳴らすことができます(**リスト7**).

● ファイル・アクセス

Twitterのユーザ名やパスワード，つぶやく内容はファイルから読み込んで扱うようにします．

mbedドライブに置いたファイルはプログラムからも読んだり書いたりできます．その方法はC/C++言語の標準的なファイル・アクセス関数でできます．

ファイル・アクセスに必要な定義を**リスト8**に示します．ファイルを作ってテキストをファイルに書くプログラムの例を**リスト9**に示します．

> ※注意　ファイルにアクセスしている間(fopen〜fcloseまで)はmbedドライブにアクセスできなくなります．ファイルにアクセスしたままになった場合はmbed上のリセット・ボタンを押します．リセット・ボタンを押している間はmbedドライブにアクセスできるようになるので，別なプログラムを置きましょう．

リスト7　PWM出力で音を鳴らすプログラム

```
float freq = 784.0;      // 「ソ」の音の周波数
float time = 1.0;        // 音を鳴らす時間

beep.period(1.0/freq);   // 出力する周期を設定(周波数から周期に変換)
beep.write(0.5);         // 出力する
wait(time);              // ウェイト
beep.write(0.0);         // 出力を止める
```

リスト8　ファイル・アクセスに必要な定義

```
LocalFileSystem local("local");
```

リスト9　ファイルを作ってテキストをファイルに書くプログラムの例

```
// ファイルをオープンする
FILE *stm = fopen( "/local/test.txt","w" );

// ファイルに書き込む
fprintf( stm, "mbed wrote the file." );

// ファイルをクローズする
fclose(stm);
```

リスト10 「ライフ・スタイル改善Twitterつぶやきマシン」のプログラム

```
#include "mbed.h"
#include "EthernetNetIf.h"
#include "NTPClient.h"
#include "HTTPClient.h"

#define TMP_TEXT_BUF_SIZE    256             // 文字列用のバッファ・サイズ
// 使用するライブラリの定義
PwmOut beep(p21);
DigitalOut t_p(p29);
DigitalIn  touch(p30);

EthernetNetIf eth;
NTPClient ntp;

LocalFileSystem local("local");

// 使用する変数の定義と初期化
char id[32] = "\0";
char password[32] = "\0";
char msg_file_name[32] = "\0";

// 圧電ブザーを鳴らす関数　鳴らす周波数と時間を指定する
void Beep(float freq, float time) {
    beep.period(1.0/freq);
    beep.write(0.5);
    wait(time);
    beep.write(0.0);
}


// タッチを検出する関数　タッチを検出したときにTRUEになる
bool GetTouch(void) {
    int touch_count = 0;

    t_p = 1;
    touch_count = 0;

    while((touch != 1)&&(touch_count < 10000))
    {
        touch_count++;
    }

    t_p = 0;

    if( touch_count != 10000 ) {
        return(true);
    }
    else {
        return(false);
    }
}
// テキスト・ファイルから1行分を取得する関数
```

リスト10 「ライフ・スタイル改善Twitterつぶやきマシン」のプログラム（つづき）

```c
unsigned char GetFileLine( FILE *stm , char *str ) {
    char count = 0;

    if(fread(&str[count], 1,1,stm) > 0) {
        count++;
        while( (fread(&str[count], 1,1,stm) > 0)
              &&(str[count] != '\n')
              &&(count < TMP_TEXT_BUF_SIZE)) {

            count++;
        }
    }
    str[count] = '\0';
    return(count);
}

// 文字列に時間を追加する関数
void StrTimeAdd( char *msg, struct tm *set_time) {
    char tmp[10];
    sprintf(tmp," at %02d:%02d",set_time->tm_hour, set_time->tm_min);
    strcat( msg ,tmp);
}

// 日本時間を取得する関数
struct tm *GetJstTime(void) {
    time_t ctTime;

    ctTime = time(NULL);
    ctTime += 32400;

    return(localtime(&ctTime));
}

// ファイルからタグを検索し，その文字列を取得する関数
int GetStatus( char *path , char *tag , char *text ) {

    char *TmpText  = (char*)malloc(TMP_TEXT_BUF_SIZE);

    if( TmpText == NULL ) {
        return( -1 );
    }

    char *TmpTag  = (char*)malloc(TMP_TEXT_BUF_SIZE);

    if( TmpTag == NULL ) {
        free( TmpTag );
        return( -1 );
    }

    FILE *stm = fopen( path,"r");

    if( stm != NULL ) {
        text[0] = '\0';
        sprintf( TmpTag,"%s:%%s",tag );
```

```c
        while(GetFileLine( stm , TmpText ) > 0) {
            sscanf( TmpText,TmpTag,text );
        }
        fclose(stm);
    }

    free( TmpText );
    free( TmpTag );

    return(0);
}
// ファイルから今の時間と1日のつぶやき数でつぶやく内容を探す関数
int GetTimeMsg( char *path , struct tm *set_time ,char *msg , char day_cnt) {

    int count = 0;

    char *TmpText = (char*)malloc(TMP_TEXT_BUF_SIZE);

    if( TmpText == NULL ) {
        return( -1 );
    }

    char *GoodText = (char*)malloc(TMP_TEXT_BUF_SIZE);

    if( GoodText == NULL ) {
        free( TmpText );
        return( -1 );
    }

    char *BadText = (char*)malloc(TMP_TEXT_BUF_SIZE);

    if( BadText == NULL ) {
        free( TmpText );
        free( GoodText );
        return( -1 );
    }

    FILE *stm = fopen( path,"r");

    if( stm != NULL ) {

        char tmp_hour;
        char tmp_min;

        GetFileLine(stm,TmpText);
        count = 0;
        msg[0] = '\0';
        while((GetFileLine(stm,TmpText) > 0)&&(msg[0] == '\0')) {
            if(sscanf(TmpText,"%d:%d %s %s", &tmp_hour,&tmp_
            min,GoodText,BadText) > 0) {
                if( day_cnt == count ) {
```

リスト10　「ライフ・スタイル改善Twitterつぶやきマシン」のプログラム（つづき）

```c
                        if( (set_time->tm_hour * 60 + set_time->tm_min) <
                            (tmp_hour * 60 + tmp_min + 5) ) {
                            strcpy(msg,GoodText);
                        }
                        else {
                            strcpy(msg,BadText);
                        }
                    }
                    count++;
                }
            }
            fclose(stm);
        }
        else
        {
            count = -1;
        }

        free( TmpText );
        free( GoodText );
        free( BadText );

        return( count );
}
// Twitterへつぶやく関数
bool TwitMsg( char *id , char *password , char *msg) {
    HTTPClient twitter;
    HTTPMap h_msg;

    h_msg["status"] = msg;

    twitter.basicAuth(id, password);
    HTTPResult r =
        twitter.post("http://api.supertweet.net/1.1/statuses/update.
        json", msg, NULL);
    if( r == HTTP_OK ) {
        return(true);
    }
    else {
        return(false);
    }
}

int main() {
    struct tm *jst_time;
    int day_count = 0;
    int old_day = 0;

    // 設定ファイルからTwitterのユーザ名、パスワードなどを読み出す
    GetStatus("/local/env.ini","ID",id);
    GetStatus("/local/env.ini","PASS",password);
    GetStatus("/local/env.ini","FILE",msg_file_name);
```

```
    EthernetErr ethErr = eth.setup();
    if(ethErr)
    {
        return -1;
    }

    if( time(NULL) == -1 ) {
        Host server(IpAddr(), 123, "0.uk.pool.ntp.org");
        ntp.setTime(server);
    }

    while(1) {
        jst_time = GetJstTime();
        if( jst_time->tm_mday != old_day ) {
            day_count = 0;
        }
        old_day = jst_time->tm_mday;

        if( GetTouch() == true ) {
            Beep( 2637.020455 , 0.5 );

            char *msg = (char*)malloc(TMP_TEXT_BUF_SIZE);

            if( msg != NULL ) {
                int result = GetTimeMsg( msg_file_name , jst_time ,
                msg , day_count );
                if( result != -1 ) {
                    day_count = result;
                }

                StrTimeAdd( msg , jst_time );

                if(TwitMsg( id , password , msg )) {
                    Beep( 2637.020455 , 0.5 );
                }
                free( msg );
            }
        }
    }
    return 0;
}
```

ソフトウェアの試作がそろったところで，使いやすいようにパーツ化(関数化)しつつ組み立てていきます．

プログラムの動きは次のようにしました．
① ファイルから設定情報を読み込む．
② ネットワークに接続する．
③ NTPサーバより時刻を取得する．
④ タッチを監視しつつループする．

リスト11 Twitterの設定情報ファイル(env.ini)

```
ID:Twitterユーザ名
PASS:Twitterパスワード
FILE:/local/time.txt
```

⑤ タッチを検出したらブザーを鳴らす．
⑥ つぶやく内容を作る．
⑦ Twitterにつぶやく．
⑧ 成功したらブザーを鳴らす．

リスト12　つぶやく内容が書かれたテキスト・ファイル(time.txt)

```
7:00  おはようございます．寝坊なう・・．
7:30  朝食なう．朝飯抜き・・．
8:00  会社へ向かう．遅刻だ～．
19:00 帰宅なう．ただいま～今日も残業．
22:00 おやすみなさい　今日も夜更かし．
```

リスト13　「time.txt」の書式

つぶやく時間，時間を守れたときにつぶやく内容，守れなかったときにつぶやく内容を時間順に書く．それぞれはスペースで区切って区別する．

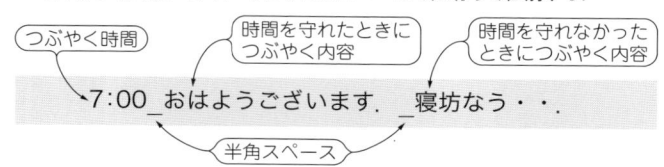

（つぶやく時間）（時間を守れたときにつぶやく内容）（時間を守れなかったときにつぶやく内容）
7:00_おはようございます．_寝坊なう・・．
（半角スペース）

プログラムをリスト10に示します．このプログラムはTwitterの設定情報を「env.ini」(リスト11)という名前のファイルから読み出すようになっています．

また，「env.ini」に書かれている「time.txt」(リスト12)という名前のファイルからつぶやく内容を読み出します．

この「time.txt」には，つぶやく時間，時間を守れたときにつぶやく内容，守れなかったときにつぶやく内容を時間順に書きます．それぞれは半角スペースで区切って区別します(リスト13)．

4.2　プレゼンで目立とうWiiヌンチャク・スライド・コントローラ

スライドをめくるのはジョイスティック！

第3章3.4節で紹介したWiiヌンチャクをパソコンへの入力装置にしてみました．さらにZigBeeという無線通信方式を使って，ワイヤレス(無線)にしました．ZigBeeでの通信はXBeeというモジュールを使えば簡単です(写真12)．

写真12　XBee無線モジュールの外観

図12　無料で使用できるスクリプト言語のRuby
(http://www.ruby-lang.org/ja/)

第4章　mbedを使った簡単＆便利な製作例

XBeeはシリアル通信を無線化することができます．ヌンチャクから取得した値から文字でパソコンへ送る仕組みにします．

パソコン側ではRuby(**図12**)というスクリプト言語で，シリアル受信した文字を判断して，キーボードを押したことにするプログラムを作って動かします(**リスト14**)．

今回はパソコン側のプログラムを作るのにRubyを使いましたが，無料で使用できるマイクロソフトのVisual Studio 2010 Expressやエクセル VBAでも可能です．

部品と組み立て

写真13，**表2**が部品一覧です．

無線にするので，電源は電池にします．携帯電話などでも使われている充電式のリチウム・ポリマ電池を使用しました．リチウム・ポリマ電池は取り扱いをまちがえると爆発することもあるので注意が必要です．

また，充電器も必要なので，充電機能と3.3V 出力，5V出力機能がある便利な基板『プロトボード「コアラ」』を使います．

複雑なものはなく，部品はつなげていくだけです(**写真14**)．

- WiiChuckアダプタは第3章3.4節と同様．
- XBeeの電源は基板の3.3V出力，DINはmbedのp28，DOUTはmbedのp27につなぐ．
- mbedのVINには基板の5V出力をつなぐ．

ケースを加工して，すべての部品を取り付けました(**写真15**)．

ヌンチャクを接続する四角い穴やスイッチの大

リスト14　Rubyのプログラム(シリアル通信を行うためにwincom.rbを使っている)

```
require "wincom.rb"
require 'dl/win32'

com1=Serial.new
com1.open(7,0,9600,8,0,0,64,64)  # シリアル・ポートは7に設定

ke = Win32API.new('user32','keybd_event','IILL','V')

while (1) do
  rcv = com1.receive
  if rcv == 'R'           #Rを受信したときは右キーを押したことにする
    ke.call(0x27,0,0,0)   #0x27:VK_RIGHT
  end
  if rcv == 'L'           #Lを受信したときは左キーを押したことにする
    ke.call(0x25,0,0,0)   #0x25:VK_LEFT
  end
  if rcv == 'U'           #Uを受信したときは上キーを押したことにする
    ke.call(0x26,0,0,0)   #0x25:VK_UP
  end
  if rcv == 'D'           #Dを受信したときは下キーを押したことにする
    ke.call(0x28,0,0,0)   #0x25:VK_DOWN
  end
  sleep 0.5               #0.5秒スリープする(CPUを占有しないため)

end

com1.close
```

(a) XBee無線モジュール・チップ・アンテナ型(日本国内使用可能)

(c) プッシュ・スイッチ

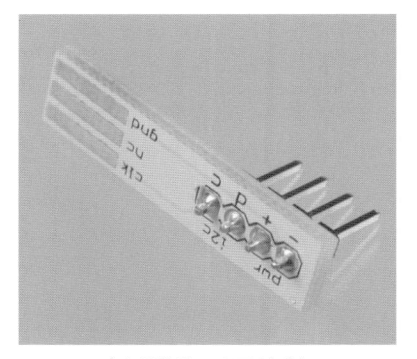

(d) WiiChuckアダプタ
第3章3.4節参照.

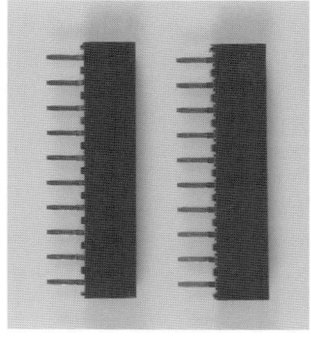

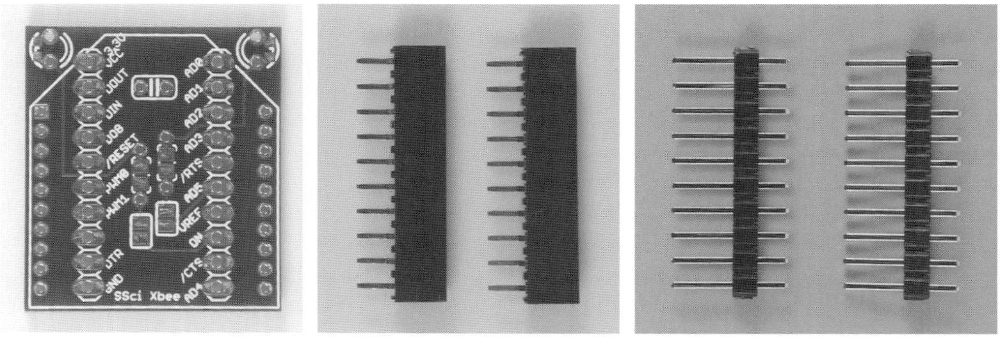

(b) XBeeピッチ変換基板セット

(e) XBeeエクスプローラUSB

(f) ケース

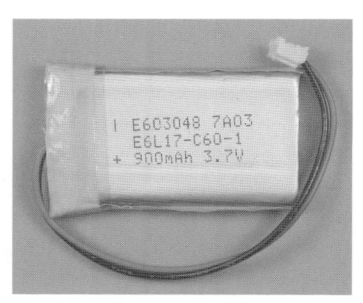

(g) リチウム・ポリマ電池

(h) プロトボード「コアラ」

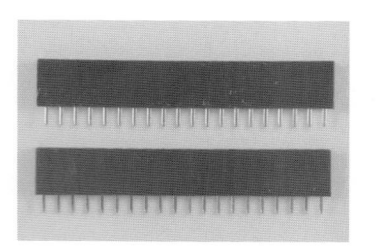

(i) ピン・ソケット

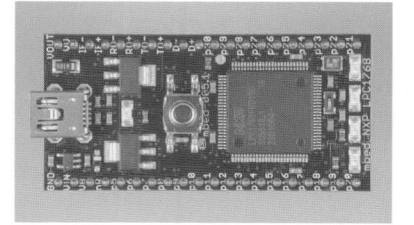

(j) mbed

写真13 Wiiヌンチャク・スライド・コントローラで使用する部品

第4章　mbedを使った簡単&便利な製作例

表2　Wiiヌンチャク・スライド・コントローラの部品表

番号	部品名	値	数量	備　考
(a)	XBee無線モジュール・チップアンテナ型（日本国内使用可能）	—	2	スイッチサイエンスで購入できる．http://www.switch-science.com/products/detail.php?product_id=96
(b)	XBeeピッチ変換基板	—	1	XBeeの足は2mmピッチなので，ユニバーサル基板に取り付けられない．この基板を使えばユニバーサル基板に取り付けることができる．スイッチサイエンスで購入できる．http://www.switch-science.com/products/detail.php?product_id=100
(c)	プッシュ・スイッチ	—	1	ON状態を保持できるスイッチならば何でもOK．
(d)	WiiChuckアダプタ	—	1	第3章3.4節で使用したものと同じもの．
(e)	XBeeエクスプローラUSB	—	1	XBeeをパソコンにつなげられるようにできるアダプタ．スイッチサイエンスで購入できる．http://www.switch-science.com/products/detail.php?product_id=30
(f)	ケース	117×84×28mm	1	秋月電子通商で売られている，蝶番が付いて開閉できるポリカーボネート製のものを使用した．アクリルと違い，割れにくいので加工が容易．http://akizukidenshi.com/catalog/g/gP-00277/
(g)	リチウム・ポリマ電池	900mAh	1	取り扱いには注意が必要．スイッチサイエンスで購入できる．http://www.switch-science.com/products/detail.php?product_id=135
(h)	プロトボード「コアラ」	—	1	リチウム・ポリマ電池の充電回路や3.3V, 5V出力機能が付いたユニバーサル基板．USBシリアル変換機能もあるが，今回は使用していない．スイッチサイエンスで購入できる．http://www.switch-science.com/products/detail.php?product_id=77
(i)	ピン・ソケット	20ピン	2	mbedを取り外し可能にする．
(j)	mbed	—	1	
—	プラネジ，ナット，ワッシャ	—	各2	基板をケースに固定するためのもの．金属製でもOK

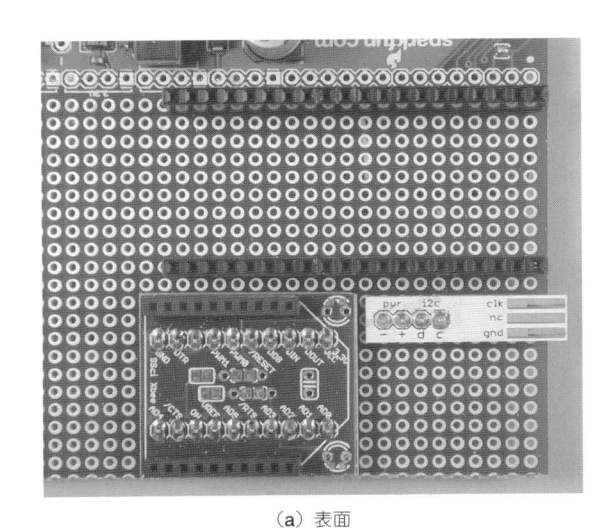

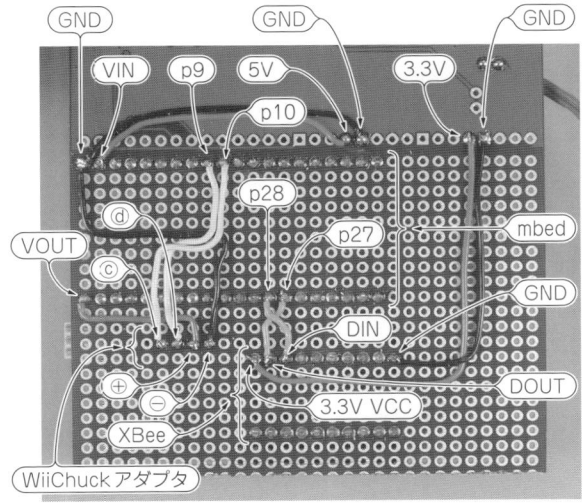

(a) 表面　　　　(b) 裏面

写真14　部品を取り付けた基板

リスト15 「プレゼンで目立とうWiiヌンチャク・スライド・コントローラ」のプログラム

```
#include "mbed.h"
#include <I2CConfig.h>          // 追加したのソース・コードのヘッダ
#include <WiiNunchuckReader.h>  // 追加したのソース・コードのヘッダ
// ライブラリの定義　使用するピンを指定する
Serial sci(p28, p27); // tx, rx
DigitalOut led1(LED1);
DigitalOut led2(LED2);
DigitalOut led3(LED3);
DigitalOut led4(LED4);
// ヌンチャク読み取り用のクラスを宣言．使用するピンを指定する．
WiiNunchuckReader chuck(p9, p10); //sda scl

int main() {
    int nx,ny;
    int x = 0,y = 0;
    int flag = 0;

    while((x == 0)||(y == 0)) {
        chuck.RequestRead();
        x = chuck.getJoyX();
        y = chuck.getJoyY();
        wait(0.05);
    }

    nx = x;
    ny = y;

    while(1) {
        chuck.RequestRead();
        x = chuck.getJoyX();
        y = chuck.getJoyY();

        if(x > (nx+40)) {
            if( flag == 0 ) sci.printf("R");
            flag = 1;
            led1 = 1;
            led2 = 0;
```

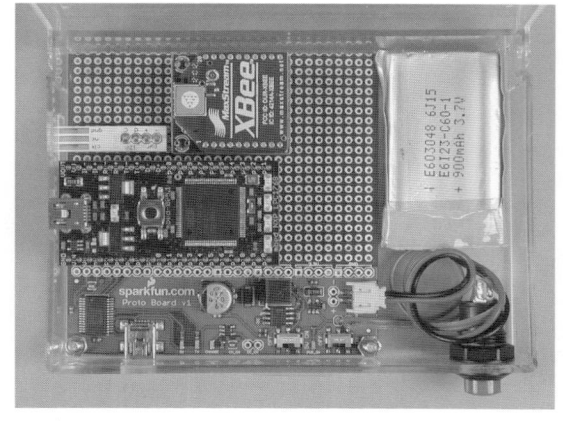

写真15　加工したケースに取り付けた基板

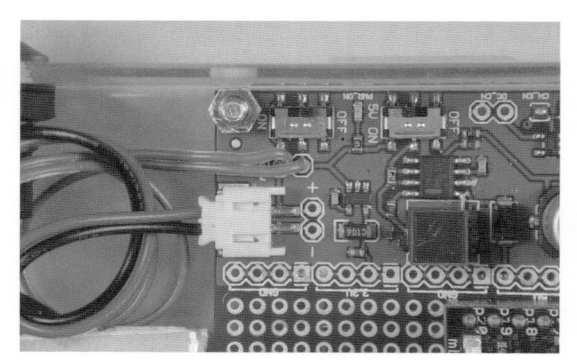

写真16　スイッチの配線

```
            led3 = 0;
            led4 = 0;
        }
        else if( x < (nx-40)) {
            if( flag == 0 ) sci.printf("L");
            flag = 1;
            led1 = 0;
            led2 = 1;
            led3 = 0;
            led4 = 0;
        }
        else if(y > (ny+40)) {
            if( flag == 0 ) sci.printf("U");
            flag = 1;
            led1 = 0;
            led2 = 0;
            led3 = 0;
            led4 = 1;
        }
        else if( y < (ny-40)) {
            if( flag == 0 ) sci.printf("D");
            flag = 1;
            led1 = 0;
            led2 = 0;
            led3 = 1;
            led4 = 0;
        }
        else {
            flag = 0;
            led1 = 0;
            led2 = 0;
            led3 = 0;
            led4 = 0;
        }
        wait(0.05);
//      printf("x:%d¥ty:%d¥r¥n",x,y);
    }
}
```

きな丸穴はちょっと加工に手間がかかります．

スイッチは基板の外部スイッチ端子（AUX_SW）につなげました（**写真16**）．

ソフトウェアを作る

プログラムは第3章3.4節のプログラムを元に**リスト15**のように変更しました．

電源を入れたときのヌンチャクのジョイスティック値を記憶して，そこからある程度変化したら，XBeeにシリアルで文字列を送るようになっています．連続して送らないように1回操作したら最初の位置に戻さないと送らないようにしました．

● Xbeeはソフトウェアで簡単に設定できる

実際にXBeeを使って無線通信をするには設定が必要です．設定にはXBeeをXBeeエクスプローラUSBでパソコンにつなぎ，設定ソフトウェアで行います．Digi Internationalのウェブ・ページ

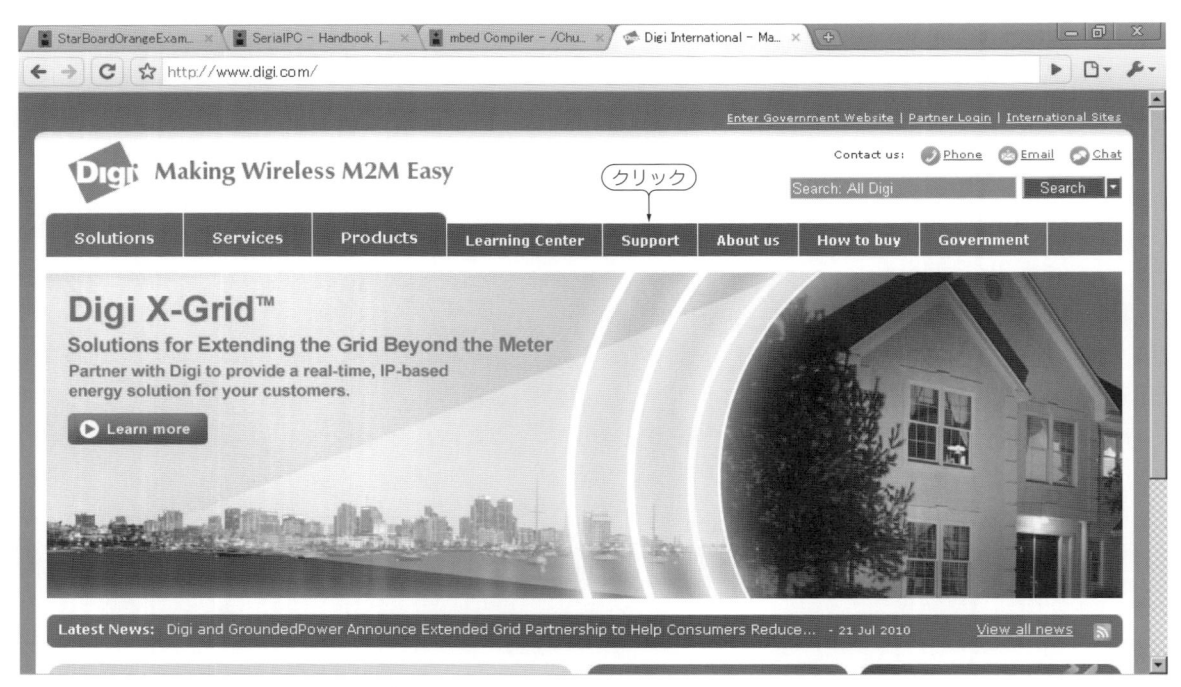

図13 Digi Internationalのウェブページ (http://www.digi.com/)
「Support」をクリック.

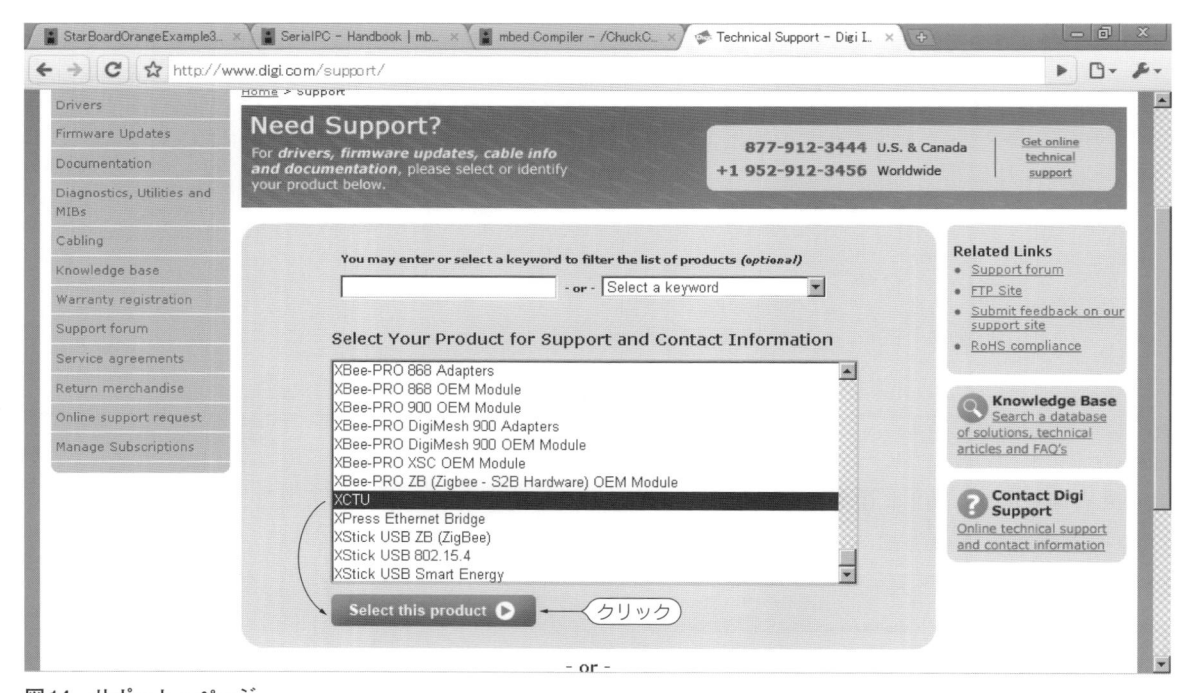

図14 サポート・ページ
「XCTU」を選んで「Select this product」をクリック.

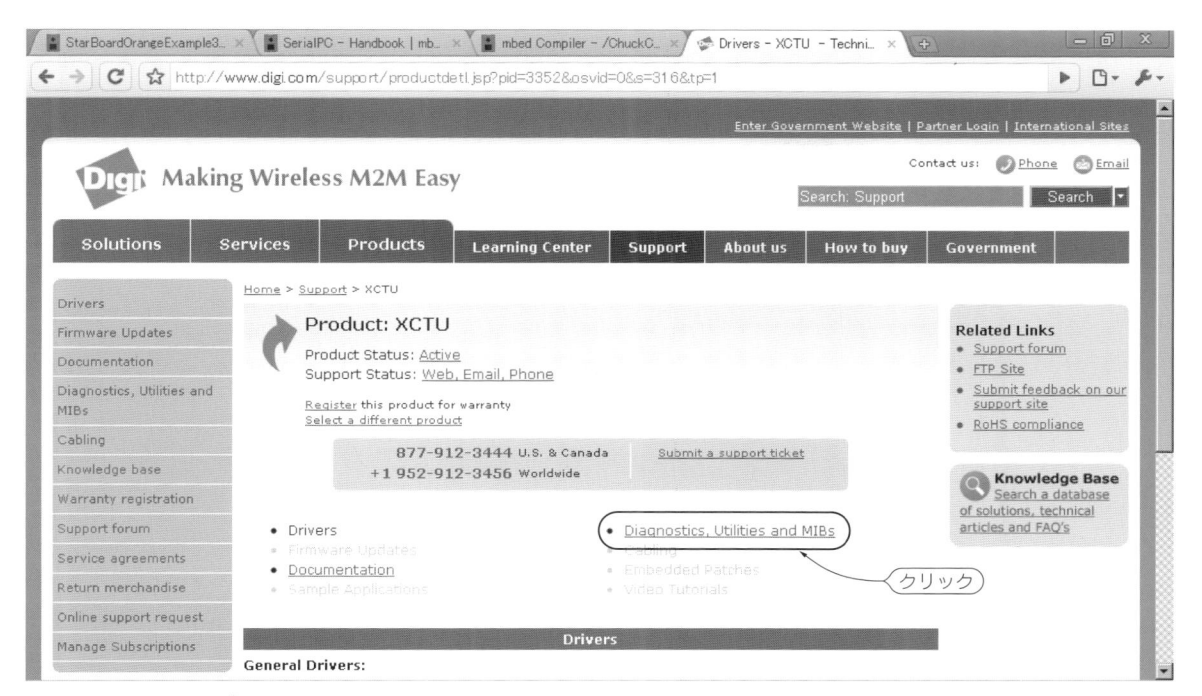

図15 XCTUのページ
「Diagnostics, Utilities and MIBs」をクリック．

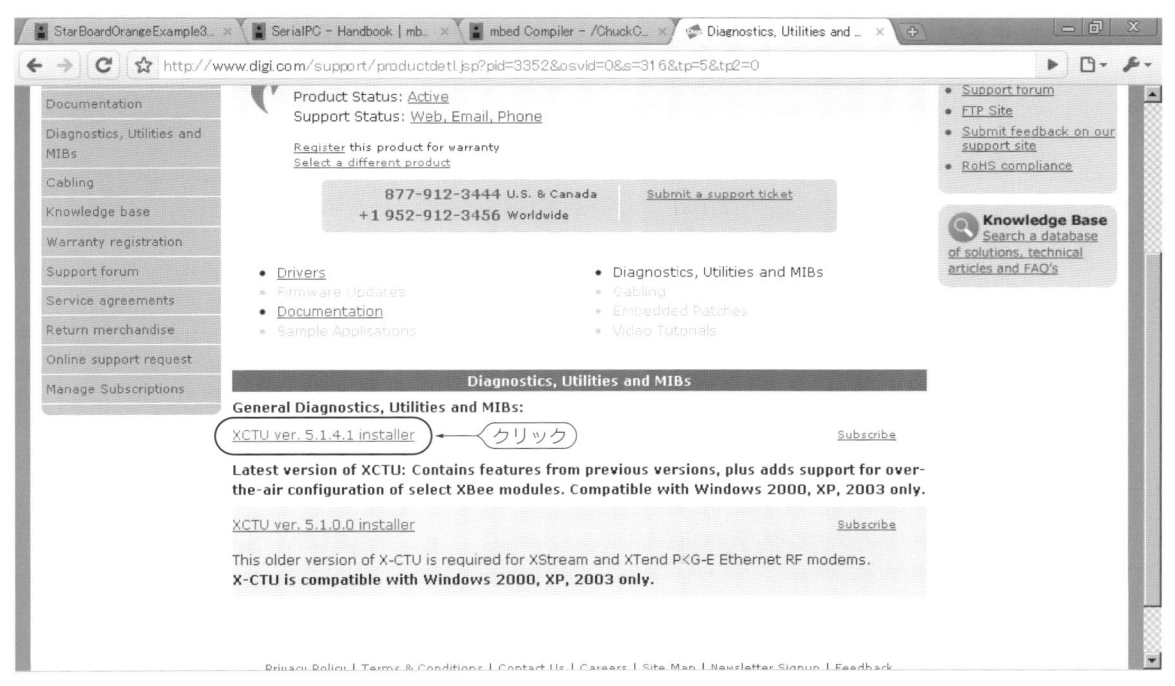

図16 XCTUがダウンロードできるページ
「XCTU ver. 5.1.4.1 installer」をクリックするとダウンロードが始まる．

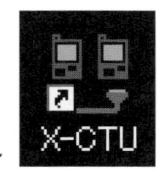

図17　X-CTUのアイコン

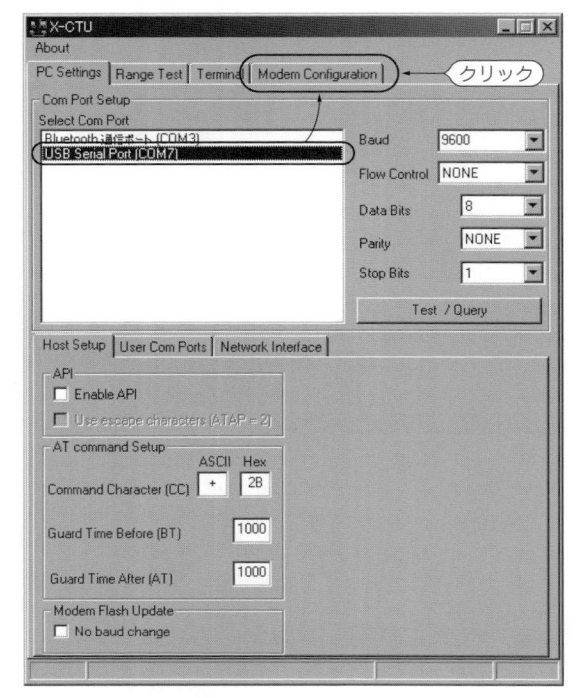

図18　X-CTUを起動した画面

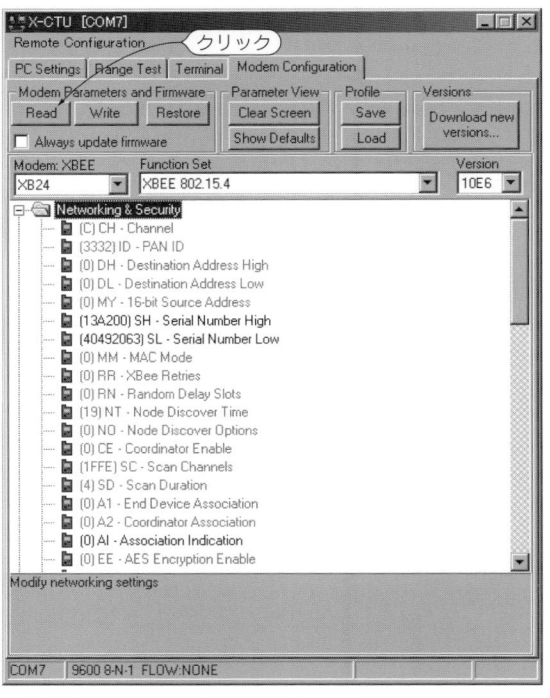

図19　「Modem Configuration」の画面

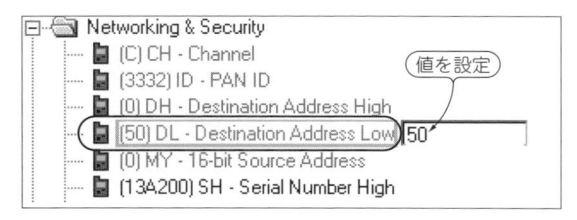

図20　DL-Destination Address Lowを設定

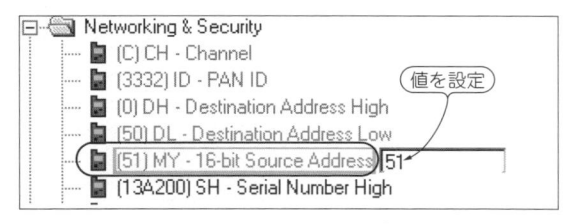

図21　MY-16bit Source Addressを設定

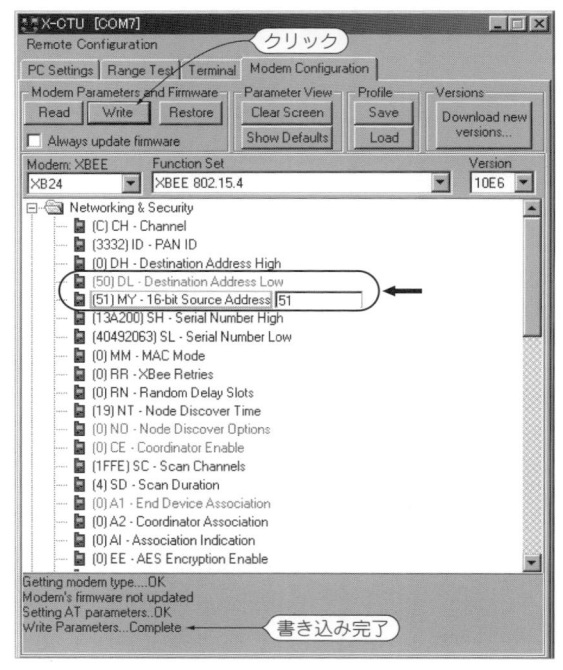

図22　書き込みが完了した画面

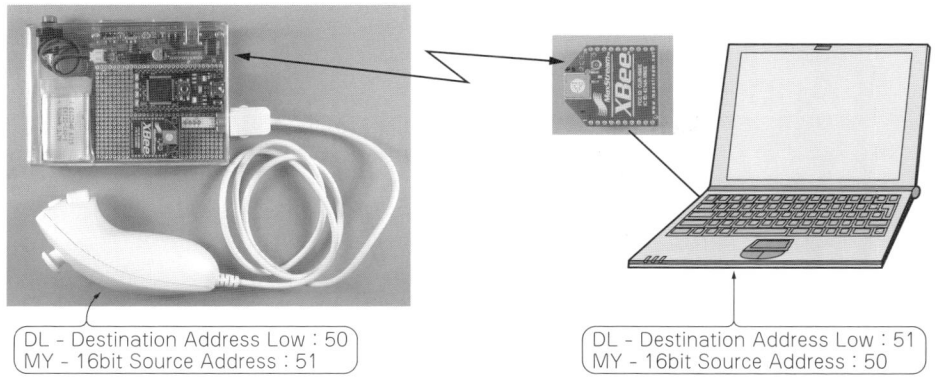

写真17　mbed側のXBeeとパソコン側のXbeeの設定

DL - Destination Address Low : 50
MY - 16bit Source Address : 51

DL - Destination Address Low : 51
MY - 16bit Source Address : 50

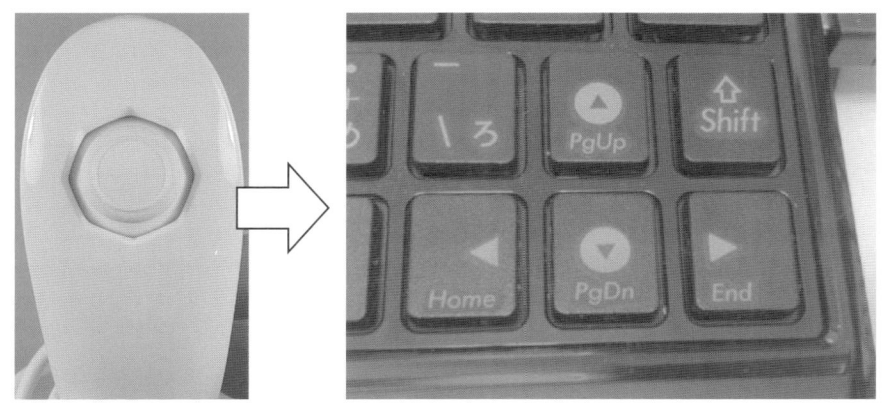

写真18　Rubyで作ったプログラムを実行し，ヌンチャクを操作するとキーボードを押したのと同じ動作になる

から「X-CTU」という設定ソフトウェアをダウンロードすることができます(図13～図16)．ダウンロードしたインストーラでインストールすれば準備は完了です．

インストールすると図17のアイコンがデスクトップに作られるので，それをクリックして実行してください．

XBeeをパソコンにつないだ状態でX-CTUを実行すると，「USB Serial Port」として認識されます(図18)．「USB Serial Port」を選択した状態で「Modem Configuration」タブをクリックします．

「Modem Configuration」の画面で，[Read]ボタンをクリックするとXBeeから今の設定値を読み出します(図19)．読み出された項目の中で「Networking & Security」の「DL - Destination Address Low」の値を変更します(図20)．次に，一つ下の「MY - 16bit Source Address」も設定します(図21)．

設定が終わったら最後に[Write]ボタンを押します．成功するとウィンドウ下部に「Write Parameters...Complete」と表示されます(図22)．

今回は，mbed側のXBeeとパソコン側のXBeeをそれぞれ**写真17**のように設定しました．

Rubyで作ったプログラム(**リスト14**)を実行し，ヌンチャクを操作するとキーボードを押したのと同じ動作になります．

パソコンの十字キーとしてパワーポイントなどのプレゼン資料のページをめくることができます(**写真18**)．

第4章 Appendix
mbed/LPCXpresso拡張ボード「MAPLE」

　MAPLE（マルツ電波）は，mbedまたはLPC Xpressoで使用できる拡張ボードです．搭載されているものを**写真A**～**写真C**に示します．

● LPCXpressoでもmbedでも

　LPCXpressoは，NXPセミコンダクターズのARM/Cortexマイコンを搭載したデバッグ機能付き評価ボードです．

　LPCXpressoシリーズ（LPC1114，LPC1343，LPC1768）とmbedはピンに互換性があり，MAPLEは両方を搭載できるように設計されています（**写真D**，**写真E**）．

　それでは，各部の詳細を説明します．例としてmbedを搭載した場合で紹介していきます．

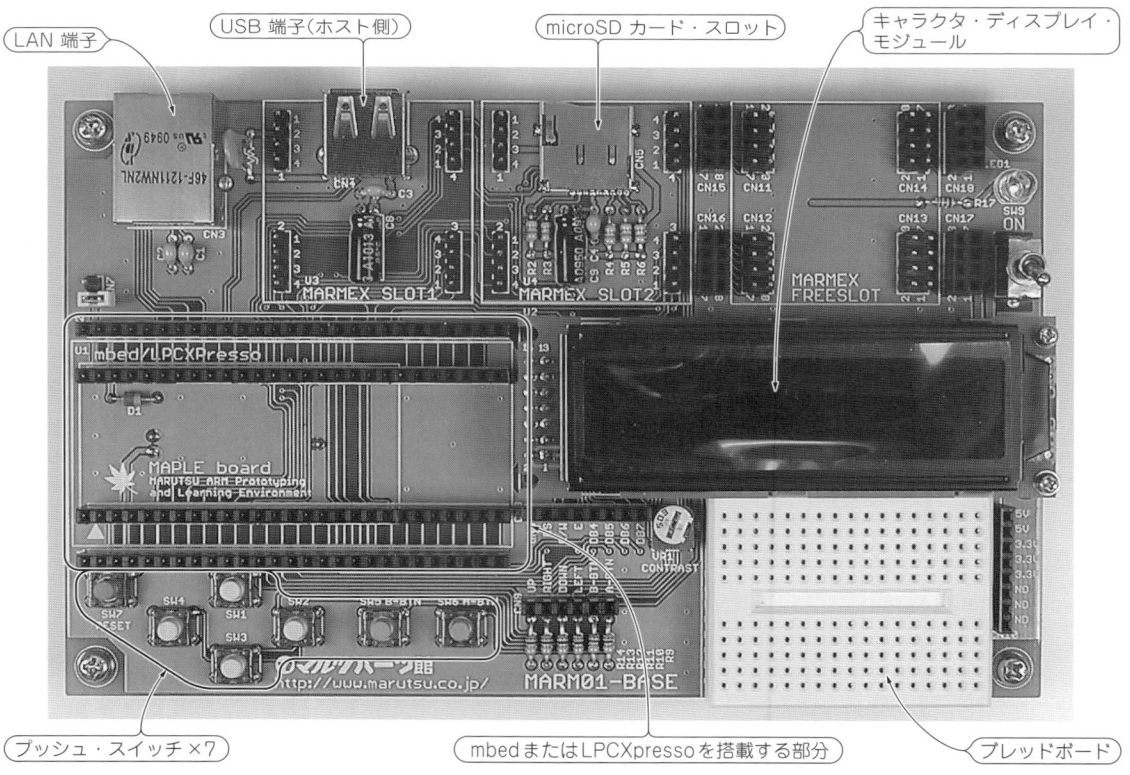

写真A　基板上部から見たMAPLE（マルツ電波）
マルツパーツセンター（http://www.marutsu.co.jp/）で購入できる．

Appendix mbed/LPCXpresso拡張ボード「MAPLE」

● キャラクタ・ディスプレイ・モジュール

　MAPLEにはバックライト付きでカッコいい赤い文字のキャラクタ・ディスプレイ・モジュールが搭載されています．

　写真Fは，ブレッドボードに温度センサを取り付けて，mbedに入力された温度を表示させたところです．

　mbedとは表Aのように接続され，mbedサイトのクックブックに掲載されているText LCDライブラリがそのまま使用できます．しかし，その例とは接続されているポートが異なるため，以下のように定義を変更する必要があります．

```
TextLCD lcd
(p10,p12,p15,p16,p29,p30)
↓
TextLCD lcd
(p25,p24,p12,p13,p14,p23)
```

　また，同じバイナリが使用できるLPC1768を搭載したLPCXpressoでも，mbedと同じbinファイルを書き込めば，同様に動かすことができます．

● プッシュ・スイッチ

　MAPLE上にプッシュ・スイッチが全部で7個あります．一つはリセット・スイッチになってい

写真B　キャラクタ・ディスプレイ・モジュール下部の外部電源入力端子

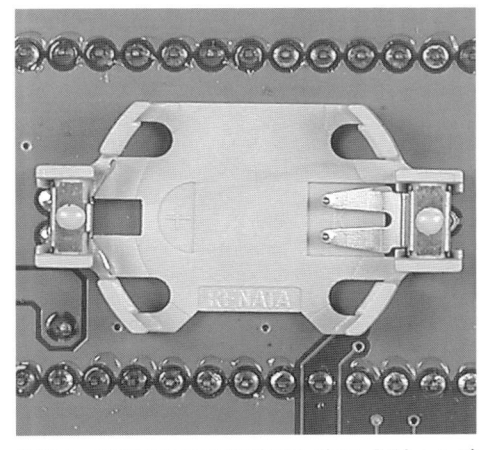

写真C　基板裏のRTC保持用のボタン電池ホルダ

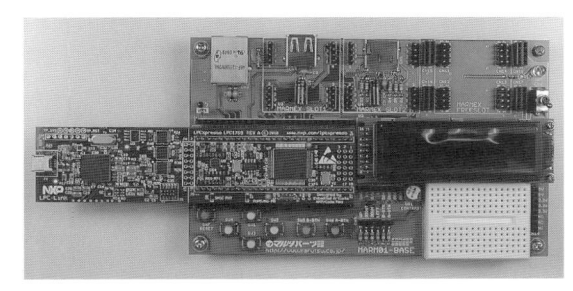

写真D　LPCXpressoを搭載させたMAPLE
両サイドのピン・ソケットからは，そのままピンを引き出すこともできる．

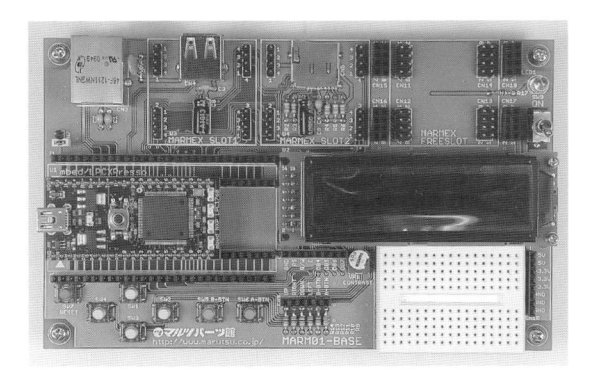

写真E　mbedを搭載させたMAPLE
LPCXpressoよりもピン数が少ないが，そのまま載せることができる．

表A　キャラクタ・ディスプレイ・モジュールとmbedの接続

LCD	mbed
RS	p25
E	p24
DB4	p12
DB5	p13
DB6	p14
DB7	p23

るので，入力用に使用できるのは6個です（**写真G**）．

　各スイッチはPCA9674NというI^{2}C接続のI/Oエクスパンダでmbedに接続されているので，無駄にポート数を使うことがないように設計されています．

　PCA9674Nはmbedサイトのクックブックに掲載されているPCF8574ライブラリがそのまま使用できます．これも，ポートが異なるので以下のように変更する必要があります．

```
PCF8574 io(p9,p10,0x40)
↓
PCF8574 io(p28,p27,0x40)
```

　また，CN9にプッシュ・スイッチの端子が出ているので，ジャンプ・ワイヤでCN1/CN2とつなぐことでmbedのディジタル入力で扱うこともできます（**写真H**）．

● microSDカード・スロット

　microSDカード・スロット（**写真I**）にmicroSDカードを挿入すれば，mbedから読み書きできるようになります．

　これもまた，mbedサイトのクックブックに，C言語おなじみのファイル・アクセス関数でファイルの読み書きができるSDCardFileSystemライブラリがあります．

● LAN端子

　mbedとLPC1768版LPCXpressoではLAN通信機能を内蔵しています．LAN端子（**写真J**）にインターネット回線を接続すれば，mbedやLPC1768版LPCXpressoをHTTPサーバにしたり，さまざまなウェブ・サービスとコラボレーションしたりすることができます．

　ただし，mbedとLPC1768版LPCXpressoで使用されているLANのPHYチップが異なるため，プログラムに互換性はありません．

● USB端子（ホスト側）

　mbedとLPC1768版LPCXpressoはUSBコント

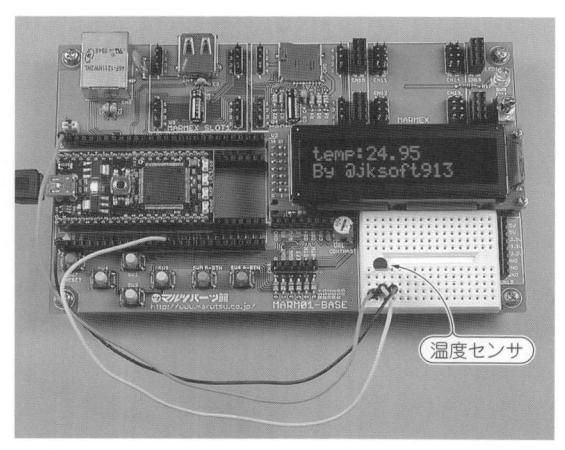

写真F キャラクタ・ディスプレイ・モジュールに温度を表示させているところ

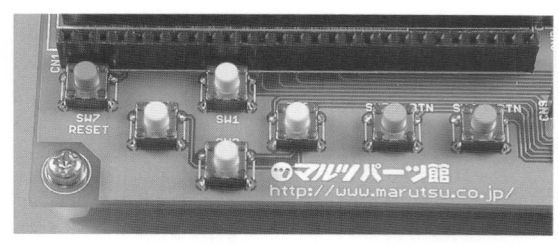

写真G 他のmbed拡張ボードではありそうでない入力用のスイッチ
配置的には十字のキーと決定，キャンセルといった使い方もできる．

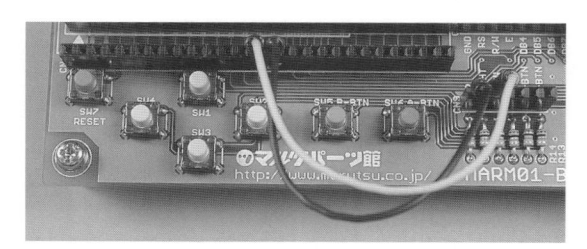

写真H ジャンプ・ワイヤで直接mbedと接続したところ

写真I microSDカードを挿入したところ

Appendix mbed/LPCXpresso拡張ボード「MAPLE」

ローラが内蔵されているので,プログラム次第でデバイス側としてもホスト側としても動かすことができます.ただし,端子はホスト側です(**写真K**).

ホストにすればUSBマウスやキーボードなどと通信して,それらを入力装置として扱うことができます.また,USBのBluetoothのアダプタを使えば,Bluetooth機器とも通信可能で,例えばWiiリモコンと通信してボタンや内蔵している加速度センサの値を取得することができます.

プログラムもクックブックで公開されているBlueUSBを参考にすればすぐに作成できます(**写真L**).

● 拡張スロット

MAPLEには機能を拡張できる2か所の拡張スロットがあります(**写真M**).ここにいろいろな拡張基板を搭載することで,さまざまな実験を行うことができます.

この拡張スロットに対応する,魅力的な四つの拡張基板を紹介します.これらは,二つあるスロットで組み合わせて使用することも可能で,さまざまな実験ができます.

◆ LEDディスプレイ拡張基板「OB」(**写真N**)

解像度が128×128の発色がきれいなOLED(Organic LED,有機LED)が搭載されている拡張基板です.OLEDのドライブに必要な昇圧回路や3軸の加速度センサ(LIS33)も内蔵しています.

mbedのUSBドライブ部分やmicroSDカードにビットマップ・ファイルを保存し,表示させることも可能です(**写真O**).

また,mbedの豊富なプログラム・メモリ(512Kバイト)ならば漢字フォントをプログラム上に置くこともできます.**写真P**はインターネットにつ

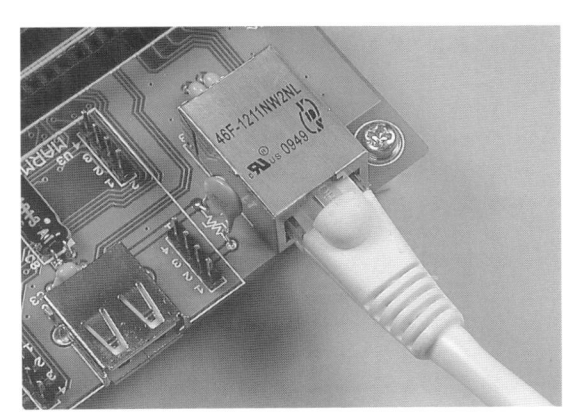

写真J LANをつなげたところ

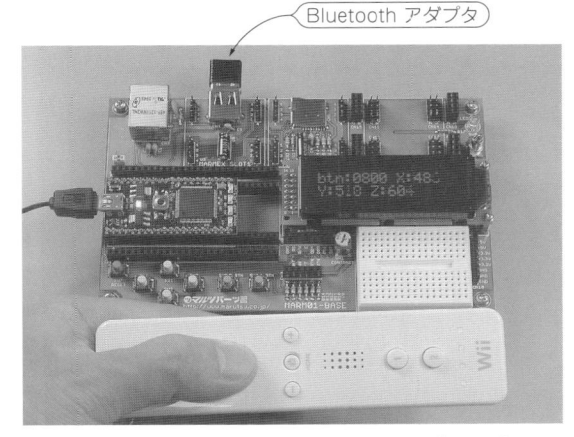

写真L Wiiリモコンの操作をキャラクタ・ディスプレイ・モジュールに表示させているところ

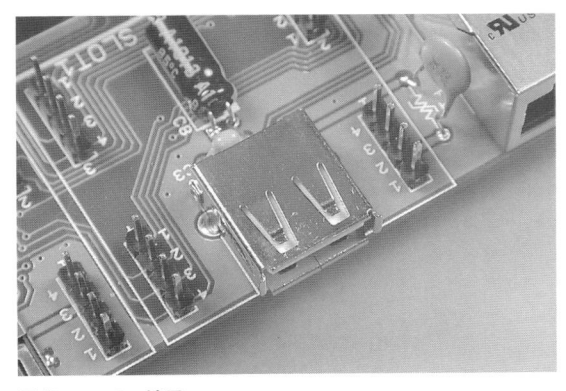

写真K USB端子

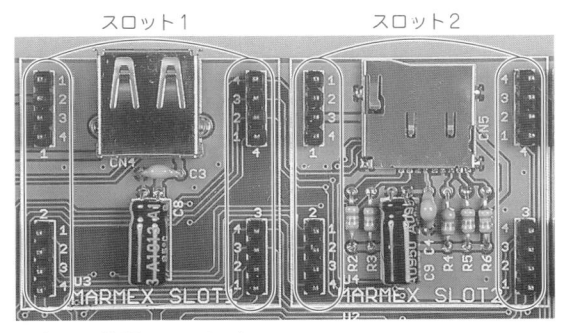

写真M 拡張スロットが二つ

なぎ，Twitterのタイム・ラインを取得して表示させたところです．

◆ LEDマトリクス表示器拡張基板「LB」（写真Q）

8×8の3色LEDマトリクスが搭載されている拡張基板で，シフトレジスタが内蔵されシリアルデータとクロック，ラッチ，リセットで制御する ことができます．mbedのSPI機能を使えば，シリアルとクロックは簡単に送れます．写真RはLEDマトリクスにグラデーション表示させたものです．

◆ Xbee拡張基板「XB」（写真S）

ZigBeeという無線通信対応のXbeeというモジ

写真N
LEDディスプレイ拡張基板OBの表側と裏側

（a）表側

（b）裏側

写真O　ビットマップ・ファイルを表示させたOLEDディスプレイ

写真P　日本語を表示させたOLEDディスプレイ

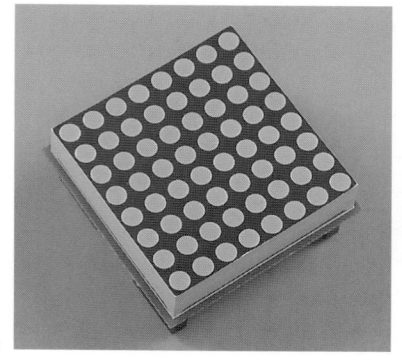

写真Q
LEDマトリクス表示器拡張基板LBの表側と裏側

（a）表側

（b）裏側

ュールが搭載されているのが拡張基板「XB」です．

ZigBeeというのは短距離向けの無線通信規格で，通信速度は低速ですが省電力なのが特徴です．まだ一般的ではありませんが，家電製品どうしの通信向けに注目されています．さらに，microSDカード・スロットやシリアル－USB変換IC（CP2104）とUSBコネクタが搭載され，パソコンに接続することもできます．

◆ GPS拡張基板「GB」（写真T）

地球上のどこにいるか，緯度，経度の情報が取得できるGPS．その実験ができるのが拡張基板「GB」です．

この基板にはGPSモジュールのほかにRTC（リアルタイム・クロック）とその時間を保持しておくボタン電池用のホルダも取り付けられています．GPSは正確な時間を取得することもできるの で，mbedでGPSから取得した時刻をRTCにセットすれば，いつでも正確な時刻を表示する時計も作ることができます．

GPSで受信したデータをmicroSDカードに保存すれば，GPSロガーにすることもできます．

写真R　グラデーションを表示させたLEDマトリクス

写真S
Xbee拡張基板XBの表側と裏側
（a）表側 
（b）裏側

写真T
GPS拡張基板GBの表側と裏側
（a）表側
（b）裏側

第5章 みんなで楽しく！みんなでワイワイ！
ソーシャル電子工作を楽しもう

　第1章でも書いたとおり，人と人がつながり，楽しく電子工作するという意味のソーシャル電子工作．

　インターネットを活用すれば，同じ楽しみ方をしている人を探すのも簡単！初心者から上級者まで，みんなで交流して楽しく電子工作を楽しみましょう！

電子工作で生まれる人と人のつながり
〜コミュニケーションできる場を活用しよう〜

● 電子工作系カフェに行こう

　私は昔から電子工作やロボット作りを個人的に楽しんできましたが，あるときから表に出て行きたくなりました．

　2009年秋に開催された「エンジニアアワード 電子工作コンテスト」という電子工作のコンテストにたまたま応募したときに，同じ電子工作を趣味にしている方々と交流する機会がありました．

　そのときに自分の作ったものを評価してもらったり，いろいろ意見交換しあったりする楽しみを覚え，それ以降は電子工作のイベントが開催されるときは積極的に出向くようになりました．

　また，2010年になって，第1章でも紹介した電子工作が楽しめるオープン・スペースが次々とオープンしています．休日にはそれらに出向くのも楽しみの一つとなりました(図1)．

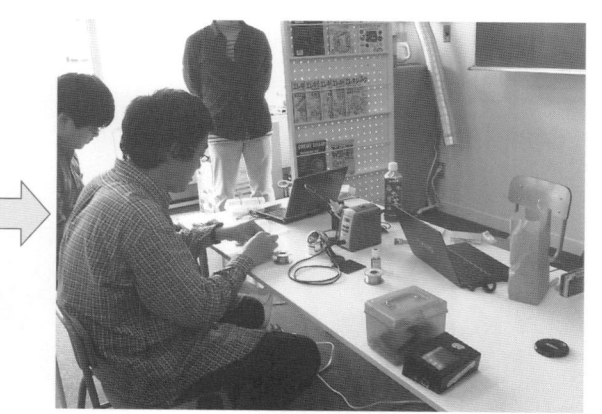

1人で楽しむのもよいけれど　　電子工作のオープン・スペースに出向いて，みんなで会話しながら工作を楽しむのもいいよ！

図1　オープン・スペースに出向いてみんなで楽しもう電子工作(休日のはんだづけカフェにて)

第5章 ソーシャル電子工作を楽しもう

● 電子工作イベントに参戦しよう

電子工作を題材にしたイベントでは，作ったものを自慢するプレゼン大会や展示，電子工作が実際に楽しめる工作教室などが行われています．ただ参加するだけではなく，プレゼンタや出展者としても挑戦してみてはどうでしょう！（写真1～写真3）．

mbedなどの簡単なプロトタイピング・ボードを活用すれば，必要なのは技術力よりも発想の面白さです．

● 電子工作ワークショップで教えてもらおう

電子工作が手慣れている人たちによるワークショップが頻繁に開催されています．この場合，ワークショップといっても難しい勉強会というわけではなく，基本的には興味があれば誰でも参加して電子工作を体験できます．

私も使い始めて魅力を感じたmbedをいろいろな人にも教えたいと思い，mbedのワークショップをガジェットカフェで開催しました（写真4）．mbedについて説明した後，参加者の方にはmbed上のLEDを面白く点灯させるプログラムを工夫して作ってもらい，うまくできた方のプログラムをみんなでシェアリングして，それぞれのmbedでシェアしたプログラムを見ながら動きを確認するといったことをやりました．

写真1 電子工作プレゼンタによる魅力的なプレゼン（2010年4月24日，秋葉原UDXで行われた「エレキジャック・フォーラム in Akihabara」にて）

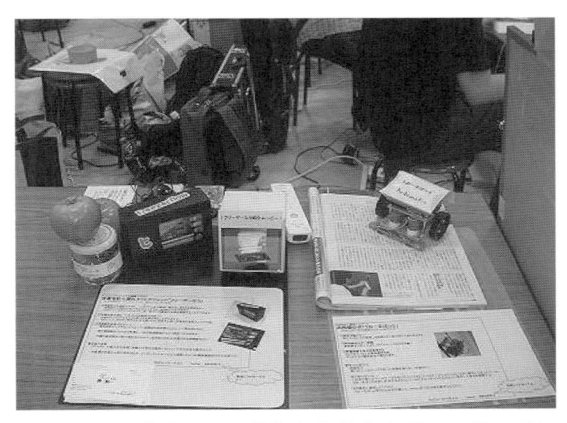

写真3 出展者として，参加した著者のブース（2010年5月22～23日，東京工業大学大岡山キャンパスで行われた「Make: Tokyo Meeting 05」にて）

写真2 電子工作趣味人が展示を行うイベント（2010年5月22～23日，東京工業大学大岡山キャンパスで行われた「Make: Tokyo Meeting 05」にて）

写真4 ワークショップのようす（2010年7月4日，ガジェットカフェで行われた「ネット上でマイコンプログラミング！ソーシャル電子工作入門」にて）
電子工作，プログラミングともに初めてという人も．

また，参加された方の中には電子工作もプログラムも初めてという方もいて，ワークショップが終わったころにはプログラムを応用して，液晶モジュールにいろいろ表示させることもできるようになっていました(写真5).

● 全世界中継！ライブ電子工作

電子工作をしているところをネット中継してみましょう(写真6)．そうするとわからないことがあったとき，ネットの向こうにいるかもしれない手慣れた人に教えてもらえるかもしれません．

ネット中継といっても専用の機材が必要なわけではありません．USTREAMサービスを使えば，ちょっとした準備で気軽に始めることが可能です．詳しくは次節で説明します．

● mbedでソーシャル電子工作

第1章，第2章で紹介したとおり，mbedのサイトはプログラム環境やリファレンス・ガイドだけではなく，コミュニケーションが行えるフォーラムやノートブック，プログラム共有機能などがあります．サイトは英語ですが，日本語も使えるのでみんなで情報共有しながら楽しく電子工作を楽しむことができます．

みんなが公開しているライブラリは自分で作りたいもののためにどんどん使っていきましょう(感謝は忘れずに)．また，自分で作ったものはみんなのためにどんどん公開してみてください．

USTREAMでのライブ電子工作のススメ ～製作風景を全世界生中継！見ている人に助けてもらおう～

全世界に向けてライブ中継が可能なクラウド・サービスのUSTREAM(図2)．まずは，どんなものかを紹介しましょう．

メイン・ページには配信中のライブ中継やイベント情報などが掲載され，キーワードや検索でライブ中継を探すことができます．まずは，雰囲気を知るために，何かのキーワードで探してみましょう．

図3がUSTREAMの視聴画面です．配信中の中継をどのぐらいの人が見ているか確認でき，人気の配信では常に100人を超える視聴者がいます．

また，画面右側ではソーシャル・サービスを利用して，チャットのように配信者や視聴者同士でコミュニケーションをとることができます．

ライブ中継は世界中のさまざまな番組を視聴することができますが，配信者が録画する設定で中継していれば，あとから見ることもできます．

もちろん，USTREAMでのライブ中継は個人が無料で行うことができます．ライブ中継といっても構えることはありません．一般的な常識の範囲であれば何を中継してもかまわないので，電子

写真5 ワークショップで作った題材(温度を液晶に表示させる)

写真6 著者が行ったmbedに初めて触ったときの中継
見ている人にいろいろ教えてもらってmbedからTwitterへつぶやくことができた．

第5章　ソーシャル電子工作を楽しもう

工作関連であれば「初めてはんだ付けにチャレンジ」とか，「こんなもの作っています」などのネタで配信してみましょう．

それでは配信までの流れを説明します．

図2　USTREAMのメイン・ページ（http://www.ustream.tv/）

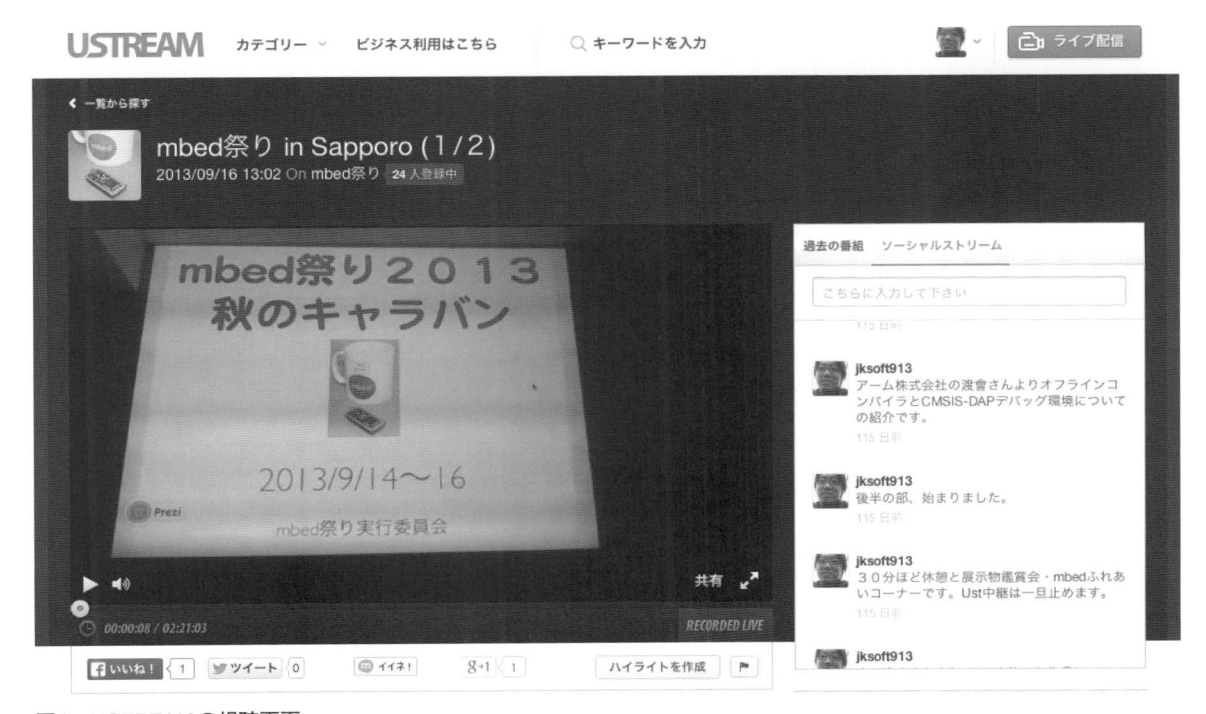

図3　USTREAMの視聴画面

111

図4 アカウント登録画面

● USTREAMでのライブ電子工作を配信する

① まずは配信に必要な機材の準備

必要なのはインターネットにつながったパソコンとウェブ・カメラ．

ネットブックに内蔵されているカメラでもいいですが，手元を映すには独立したカメラを用意した方がよいと思います．マイクを内蔵しているタイプのほうが便利です．

② そしてアカウント登録．メイン・ページ右上の「サインアップ」をクリックします．

③ 図4の画面が出てくるので，新規アカウント作成に必要な事項を記入しましょう．そして［アカウント作成］ボタンを押せば登録は完了です．

第5章　ソーシャル電子工作を楽しもう

図5　ブロードキャスター画面

図6　番組設定画面

図7　カメラへのアクセス許可を確認する画面

図8　USTREAM配信画面

④ アカウントを作成して，画面右上のライブ配信というボタンをクリックすると図5の画面が出てきます．
　　タイトルや配信に関する情報を入力して，ライブ配信というボタンをクリックします．

⑤ 図6の番組の設定画面が出てくるので各項目を入力して[保存]ボタンをクリック．カテゴリと番組タグは必ず入力しなくてはなりません．この設定はあとからでも変更できます．

⑥ 下準備は完了．あとは画面上部の[ライブ配信]ボタンをクリックします．そうすると図7の注意が出てきます．これは，USTREAMからパソコンに取り付けられているカメラにアクセスしてよいか，という確認なので[許可]ボタンをクリックします．

⑦ 配信画面は図8になります．この画面で左下の「映像配信」，「音声配信」のチェック・ボックスをチェックして「配信の開始」ボタンをクリックすれば全世界に向けて，ライブ中継が開始されます．

付録A マイコンは高性能！ mbedのスペック

表1 mbedの仕様

項　目	仕　様
マイコン	LPC1768（NXPセミコンダクターズ），32ビット ARM/Cortex-M3 コア
動作クロック	96MHz
メモリ（SRAM）	64Kバイト
フラッシュROM	512Kバイト
インターフェース	ディジタル入出力 ×25，PWM出力 ×6，アナログ入力 ×6，アナログ出力 ×1，シリアル ×3，SPI ×2，I²C ×2，CAN ×2，イーサネット ×1，USBホスト/デバイス（OTG）×1
ピン数	40ピン

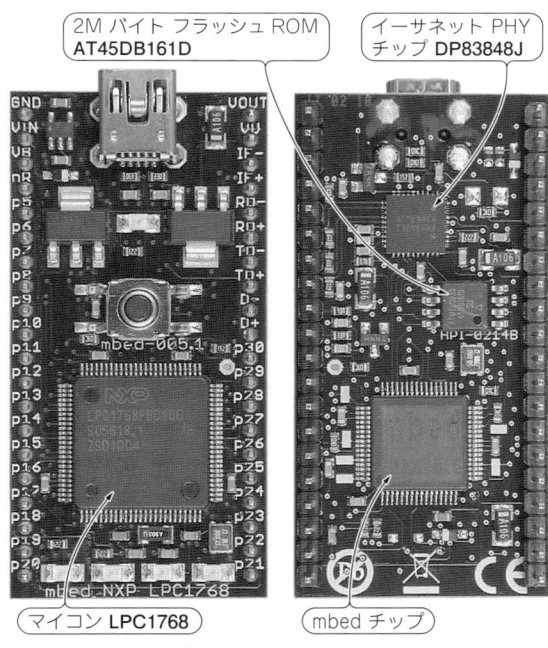

写真1 mbedに搭載されているマイコンとLSI

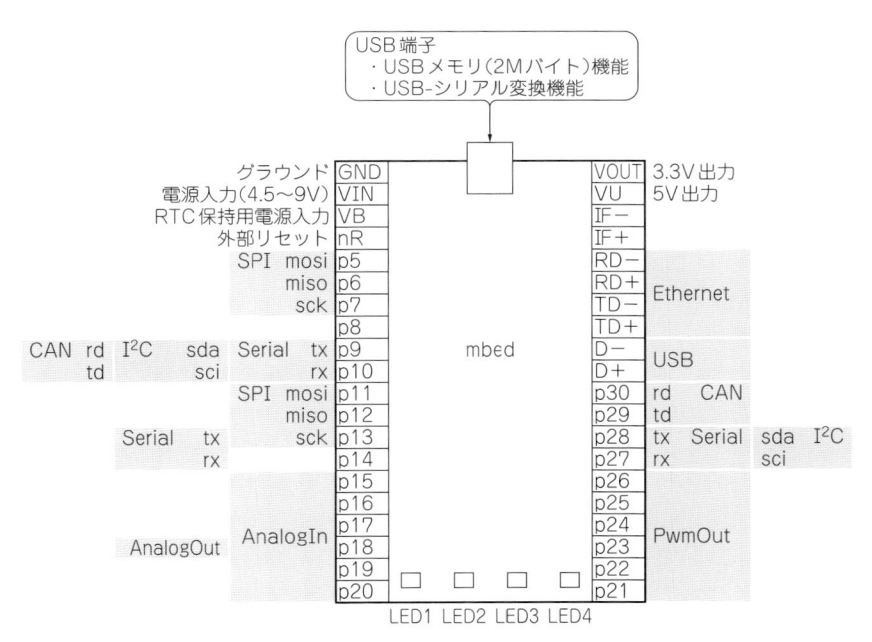

図1 mbedのピン配置

付録 B　標準ライブラリ日本語リファレンス

■ 標準ライブラリ日本語リファレンスの見方

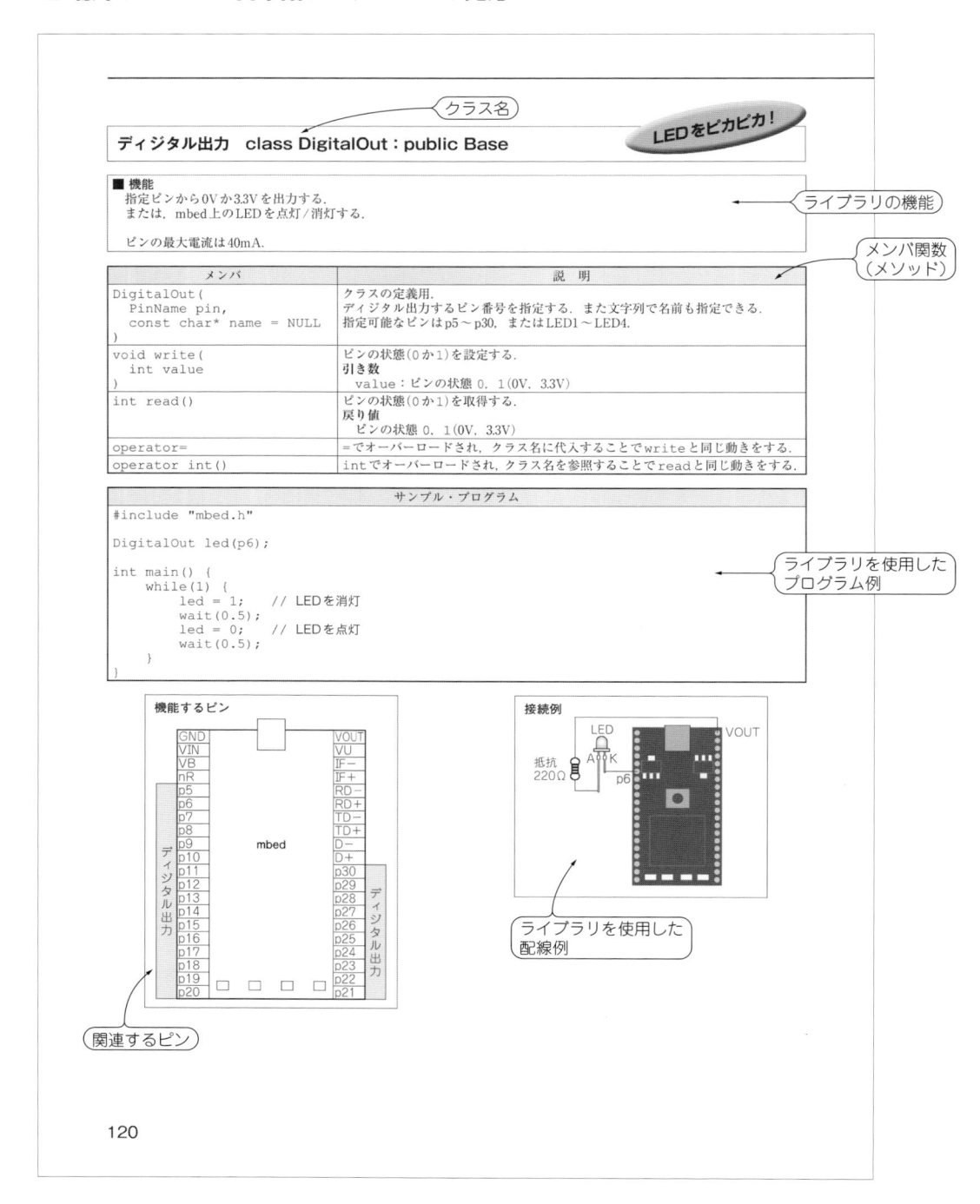

ディジタル出力　class DigitalOut : public Base　〔クラス名〕　LEDをピカピカ！

■ 機能
指定ピンから0Vか3.3Vを出力する．
または，mbed上のLEDを点灯/消灯する．　〔ライブラリの機能〕

ピンの最大電流は40mA．

メンバ	説　明
DigitalOut(　PinName pin, 　const char* name = NULL)	クラスの定義用． ディジタル出力するピン番号を指定する．また文字列で名前も指定できる． 指定可能なピンはp5〜p30，またはLED1〜LED4．
void write(　int value)	ピンの状態(0か1)を設定する． 引き数 　　value：ピンの状態 0，1(0V，3.3V)
int read()	ピンの状態(0か1)を取得する． 戻り値 　　ピンの状態 0，1(0V，3.3V)
operator=	=でオーバーロードされ，クラス名に代入することでwriteと同じ動きをする．
operator int()	intでオーバーロードされ，クラス名を参照することでreadと同じ動きをする．

〔メンバ関数（メソッド）〕

サンプル・プログラム

```
#include "mbed.h"

DigitalOut led(p6);

int main() {
    while(1) {
        led = 1;    // LEDを消灯
        wait(0.5);
        led = 0;    // LEDを点灯
        wait(0.5);
    }
}
```

〔ライブラリを使用したプログラム例〕

機能するピン　〔関連するピン〕

接続例　〔ライブラリを使用した配線例〕

120

ディジタル出力　class DigitalOut : public Base

■ 機能
指定ピンから0Vか3.3Vを出力する．
または，mbed上のLEDを点灯/消灯する．
ピンの最大電流は40mA．

メンバ	説　明
DigitalOut(　PinName pin, 　const char* name = NULL)	クラスの定義用． ディジタル出力するピン番号を指定する．また文字列で名前も指定できる． 指定可能なピンはp5～p30，またはLED1～LED4．
void write(　int value)	ピンの状態(0か1)を設定する． **引き数** 　value：ピンの状態 0，1(0V，3.3V)
int read()	ピンの状態(0か1)を取得する． **戻り値** 　ピンの状態 0，1(0V，3.3V)
operator=	=でオーバーロードされ，クラス名に代入することでwriteと同じ動きをする．
operator int()	intでオーバーロードされ，クラス名を参照することでreadと同じ動きをする．

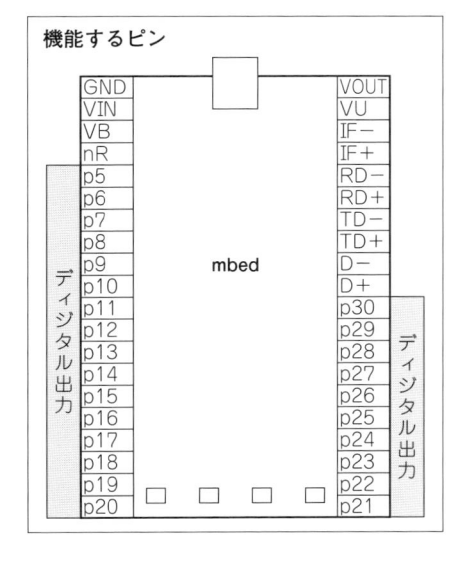

サンプル・プログラム

```
#include "mbed.h"

DigitalOut led(p6);

int main() {
    while(1) {
        led = 1;    // LEDを消灯
        wait(0.5);
        led = 0;    // LEDを点灯
        wait(0.5);
    }
}
```

117

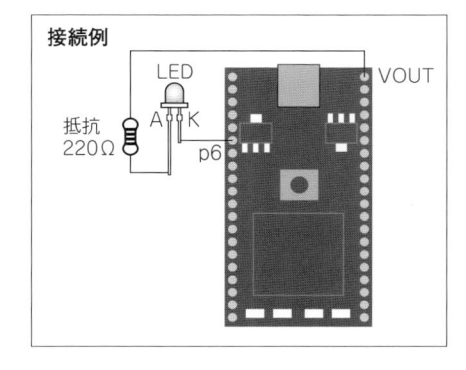

ディジタル入力　class DigitalIn：public Base

■ 機能
指定ピンの入力状態を検出できる．
0.8V以下で0，2.0V以上で1として検出する．
5Vトレラント入力も可能．

メンバ	説　明
DigitalIn(　PinName pin, 　const char* name = NULL)	クラスの定義用． ディジタル入力するピン番号を指定する．また文字列で名前も指定できる． 指定可能なピンはp5〜p30．
int read()	ピンの状態(0か1)を取得する． **戻り値** 　ピンの状態 0，1(0V，3.3V)
void mode(　PinMode pull)	ピンのモードを指定する． **引き数** 　pull：ピンのモード 　　　　PullUp　　：プルアップ 　　　　PullDown　：プルダウン 　　　　PullNone　：そのまま入力 　　　　OpenDrain：オープン・ドレイン
operator int()	intでオーバーロードされ，クラス名を参照することでreadと同じ動きをする．

サンプル・プログラム

```
#include "mbed.h"

DigitalIn enable(p5);
DigitalOut led(LED1);

int main() {
    enable.mode(PullUp);    //プルアップ
    while(1) {
        if(enable) {        //入力があったらLED反転
            led = !led;
        }
        wait(0.25);
    }
}
```

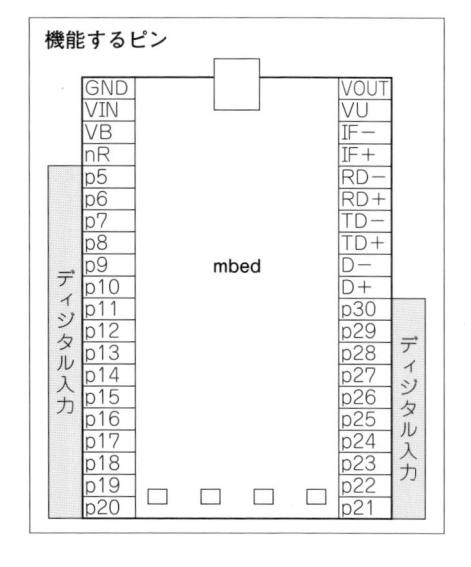

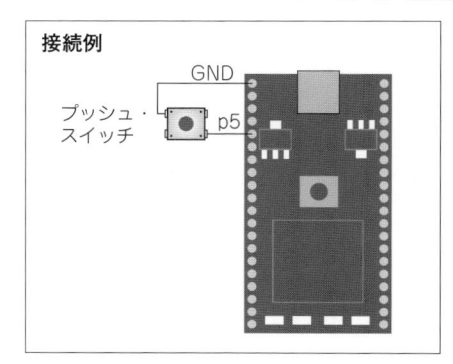

ディジタル入出力　class DigitalInOut : public Base

動的に入出力を切り替え

■ 機能
指定ピンを入力か出力に切り替えて使用できる．

メンバ	説　明

`DigitalInOut(`
　`PinName pin,`
　`const char* name = NULL`
`)`
	クラスの定義用．
	ディジタル入出力するピン番号を指定する．また文字列で名前も指定できる．

`void write(`
　`int value`
`)`
	ピンの状態(0か1)を設定する．
	引き数
	　`value`：ピンの状態 0，1(0V，3.3V)

`int read()`	ピンの状態(0か1)を取得する． **戻り値** 　ピンの状態 0，1(0V，3.3V)
`void output()`	ディジタル出力に設定する．
`void input()`	ディジタル入力に設定する．

`void mode(`
　`PinMode pull`
`)`
	ピンのモードを指定する．
	引き数
	　`pull`：ピンのモード
	　　　　`PullUp`　　：プルアップ
	　　　　`PullDown`　：プルダウン
	　　　　`PullNone`　：そのまま入力
	　　　　`OpenDrain`：オープン・ドレイン

`operator=`	`=`でオーバーロードされ，クラス名に代入することで`write`と同じ動きをする．
`operator int()`	`int`でオーバーロードされ，クラス名を参照することで`read`と同じ動きをする．

サンプル・プログラム

```
#include "mbed.h"

DigitalInOut pin(p5);

int main() {
    pin.output();   // 出力に設定
    pin = 0;
    wait_us(500);

    pin.input();    // 入力に設定
    while(pin == 1);
    wait_us(500);
}
```

機能するピン

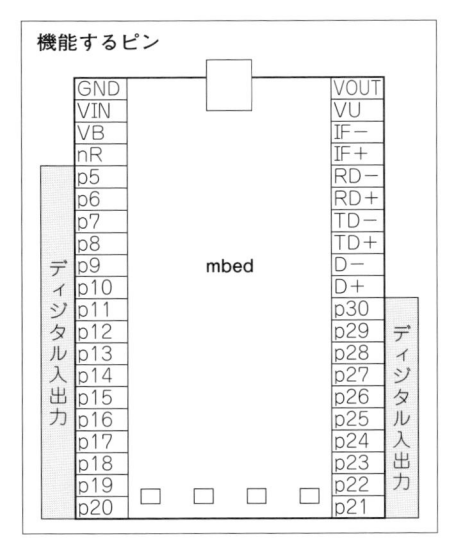

	GND	VOUT	
	VIN	VU	
	VB	IF-	
	nR	IF+	
ディジタル入出力	p5	RD-	
	p6	RD+	
	p7	TD-	
	p8	TD+	
	p9	D-	
	p10	D+	
	p11	p30	ディジタル入出力
	p12	p29	
	p13	p28	
	p14	p27	
	p15	p26	
	p16	p25	
	p17	p24	
	p18	p23	
	p19	p22	
	p20	p21	

(中央: mbed)

バス出力　class BusOut : public Base

■ 機能
複数の指定ピンから0Vか3.3Vを出力する．
または，mbed上のLEDを点灯/消灯する．
ピンの最大電流は40mA．

メンバ	説　明
BusOut(　PinName p0, 　PinName p1 = NC, 　PinName p2 = NC, 　PinName p3 = NC, 　PinName p4 = NC, 　PinName p5 = NC, 　PinName p6 = NC, 　PinName p7 = NC, 　PinName p8 = NC, 　PinName p9 = NC, 　PinName p10 = NC, 　PinName p11 = NC, 　PinName p12 = NC, 　PinName p13 = NC, 　PinName p14 = NC, 　PinName p15 = NC, 　const char* name = NULL)	クラスの定義用． バス出力するピン番号を指定する． 1～16ピンの間で指定できる．また文字列で名前も指定できる． 指定可能なピンはp5～p30，またはLED1～LED4．
void write(　int value)	ピンの状態をビット値で設定する． **引き数** 　value：ピンの状態 0x0000～0xFFFF 例） 　0x0001⇒1番目に指定したピンが3.3V出力． 　0x0005⇒1番目と3番目に指定したピンが3.3V出力．
int read()	ピンの状態をビット値で取得する． **戻り値** 　ピンの状態 0x0000～0xFFFF
operator=	=でオーバーロードされ，クラス名に代入することでwriteと同じ動きをする．
operator int()	intでオーバーロードされ，クラス名を参照することでreadと同じ動きをする．

サンプル・プログラム

```
#include "mbed.h"

BusOut myleds(LED1, LED2, LED3, LED4);

int main() {
    while(1) {
        // LEDを順に光らせる
        for(int i=0; i<4; i++) {
            myleds = 1 << i;
            wait(0.25);
        }
    }
}
```

7セグLEDやPOVはこれを使おう

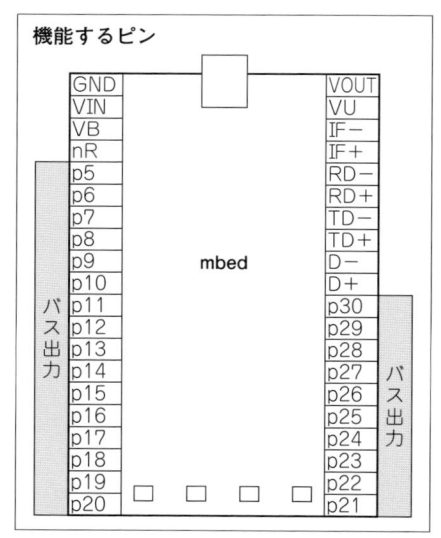

バス入力　class BusIn : public Base

複数の入力をまとめる

■ 機能
複数の指定ピンの入力状態を検出できる．
0.8V以下で0，2.0V以上で1として検出する．
5Vトレラント入力も可能．

メンバ	説　明
BusIn(　PinName p0, 　PinName p1 = NC, 　PinName p2 = NC, 　PinName p3 = NC, 　PinName p4 = NC, 　PinName p5 = NC, 　PinName p6 = NC, 　PinName p7 = NC, 　PinName p8 = NC, 　PinName p9 = NC, 　PinName p10 = NC, 　PinName p11 = NC, 　PinName p12 = NC, 　PinName p13 = NC, 　PinName p14 = NC, 　PinName p15 = NC, 　const char* name = NULL)	クラスの定義用． バス入力するピン番号を指定する． 1〜16ピンの間で指定ができる．また文字列で名前も指定できる． 指定可能なピンはp5〜p30．
int read()	ピンの状態をビット値で取得する． **戻り値** 　ピンの状態 0x0000〜0xFFFF
void mode(　PinMode pull)	ピンのモードを指定する． **引き数** 　pull：ピンのモード 　　　　PullUp　　：プルアップ 　　　　PullDown　：プルダウン 　　　　PullNone　：そのまま入力 　　　　OpenDrain：オープン・ドレイン
operator int()	intでオーバーロードされ，クラス名を参照することでreadと同じ動きをする．

サンプル・プログラム

```
#include "mbed.h"

BusIn nibble(p5, p6, p18, p11);

int main() {
    while(1) {
        switch(nibble) {
            // p5とp6がともに1のとき
            case 0x3: printf("Hello!\n"); break;
            // p11が1のとき
            case 0x8: printf("World!\n"); break;
        }
    }
}
```

機能するピン

	GND		VOUT
	VIN		VU
	VB		IF-
	nR		IF+
バス入力	p5		RD-
	p6		RD+
	p7		TD-
	p8	mbed	TD+
	p9		D-
	p10		D+
	p11		p30
	p12		p29
	p13		p28
	p14		p27	バス入力
	p15		p26
	p16		p25
	p17		p24
	p18		p23
	p19		p22
	p20		p21

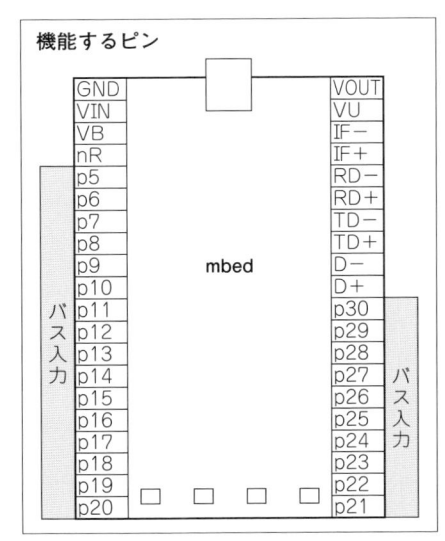

バス入出力　class BusInOut : public Base

■ 機能
バスの入力か出力に切り替えて使用できる．

メンバ	説　明
BusInOut(　PinName p0, 　PinName p1 = NC, 　PinName p2 = NC, 　PinName p3 = NC, 　PinName p4 = NC, 　PinName p5 = NC, 　PinName p6 = NC, 　PinName p7 = NC, 　PinName p8 = NC, 　PinName p9 = NC, 　PinName p10 = NC, 　PinName p11 = NC, 　PinName p12 = NC, 　PinName p13 = NC, 　PinName p14 = NC, 　PinName p15 = NC, 　const char* name = NULL)	クラスの定義用． バス入出力するピン番号を指定する． 1～16ピンの間で指定ができる．また文字列で名前も指定できる． 指定可能なピンはp5～p30.
void write(　int value)	ピンの状態をビット値で設定する． **引き数** 　value：ピンの状態 0x0000～0xFFFF
int read()	ピンの状態をビット値で取得する． **戻り値**　ピンの状態 0x0000～0xFFFF
void output()	ディジタル出力に設定する．
void input()	ディジタル入力に設定する．
void mode(　PinMode pull)	ピンのモードを指定する． **引き数**　pull：ピンのモード 　　　　　　　　PullUp　　：プルアップ 　　　　　　　　PullDown　：プルダウン 　　　　　　　　PullNone　：そのまま入力 　　　　　　　　OpenDrain：オープン・ドレイン
operator=	＝でオーバーロードされ，クラス名に代入することでwriteと同じ動きをする．
operator int()	intでオーバーロードされ，クラス名を参照することでreadと同じ動きをする．

サンプル・プログラム

```
#include "mbed.h"

BusInOut pins(p5, p10, p7);

int main() {
    pins.output();    // 出力に設定
    pin = 0x3;
    wait(1);

    pins.input();     // 入力に設定
    wait(1);
    if(pins == 0x6) {
        printf("Hello!¥n");
    }
}
```

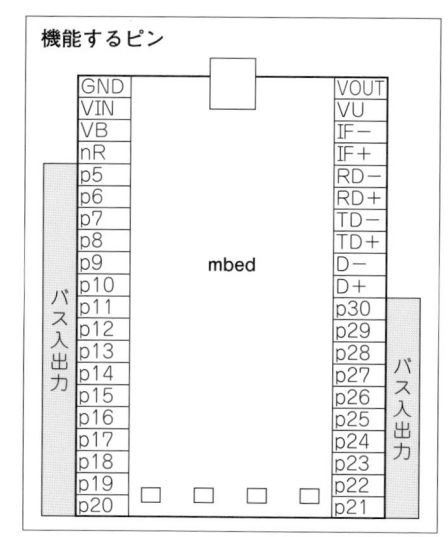

割り込み入力　class InterruptIn : public Base

突然の変化でも大丈夫

■ 機能
指定ピンの入力状態で割り込みを入れられる．
0.8V以下で0，2.0V以上で検出する．
5Vトレラント入力も可能．

メンバ	説　明

`InterruptIn(`
　`PinName pin,`
　`const char* name = NULL`
`)`
	クラスの定義用．
	割り込み入力するピン番号を指定する．また文字列で名前も指定できる．
	指定可能なピンはp5～p18，p21～p30．

`void rise(`
　`void (*fptr)(void)`
`)`
	入力の立ち上がり時に割り込みが入る関数を指定する．
	引き数
	　`fptr`：関数のポインタ

`void fall(`
　`void (*fptr)(void)`
`)`
	入力の立ち下がり時に割り込みが入る関数を指定する．
	引き数
	　`fptr`：関数のポインタ

`void mode(`
　`PinMode pull`
`)`
	ピンのモードを指定する．
	引き数
	　`pull`：ピンのモード
	　　　　`PullUp`　　：プルアップ
	　　　　`PullDown`　：プルダウン
	　　　　`PullNone`　：そのまま入力
	　　　　`OpenDrain`：オープン・ドレイン

サンプル・プログラム

```c
#include "mbed.h"

InterruptIn button(p5);
DigitalOut led(LED1);
DigitalOut flash(LED4);

void flip() {
    led = !led;
}

int main() {
    button.rise(&flip);   // 割り込む関数を指定する
    while(1) {
        flash = !flash;
        wait(0.25);
    }
}
```

機能するピン

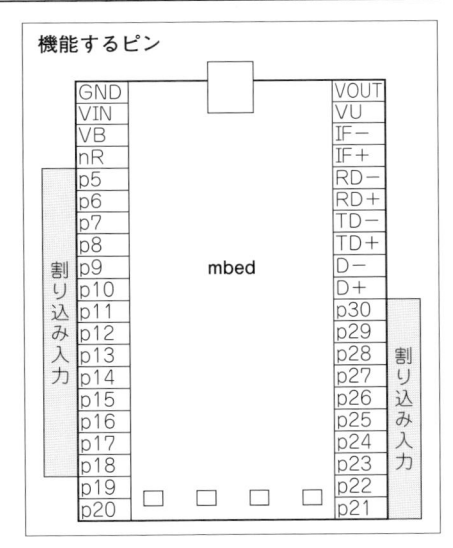

接続例

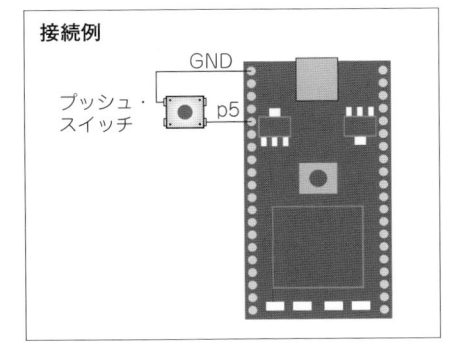

アナログ入力　class AnalogIn : public Base

電圧を測ろう

■ 機能
アナログ電圧を検出する．
0～3.3Vの入力を段階的に検出できる．
分解能は12ビット．

メンバ	説　明

`AnalogIn(`
　`PinName pin,`
　`const char* name = NULL`
`)`
	クラスの定義用．
	アナログ入力するピン番号を指定する．また文字列で名前も指定できる．
	指定可能なピンはp15～p20．

`float read()`	0.0～3.3Vの入力電圧を浮動小数点の0.0～1.0の範囲で取得できる． 戻り値 　入力電圧：0.0～1.0(0～3.3V)
`unsigned short read_u16()`	0.0～3.3Vの電圧入力を整数の0～65535の範囲で取得できる． 戻り値 　入力電圧：0～65535(0～3.3V)
`operator float()`	floatでオーバーロードされ，クラス名を参照することでreadと同じ動きをする．

サンプル・プログラム

```
#include "mbed.h"

AnalogIn ain(p20);
DigitalOut led(LED1);

int main() {
    while (1){
        // 約1V以上になったらLEDを点灯
        if(ain > 0.3) {
            led = 1;
        } else {
            led = 0;
        }
    }
}
```

機能するピン

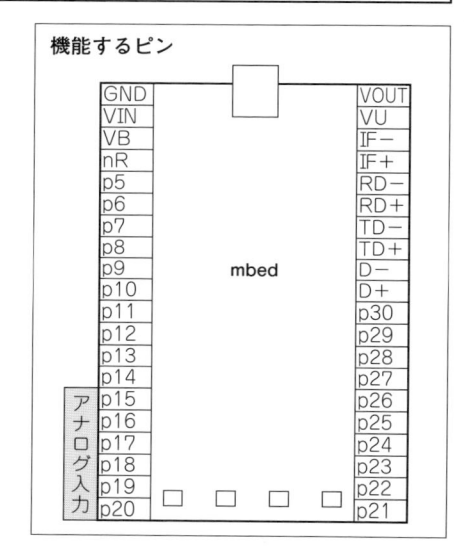

GND		VOUT
VIN		VU
VB		IF−
nR		IF+
p5		RD−
p6		RD+
p7		TD−
p8		TD+
p9	mbed	D−
p10		D+
p11		p30
p12		p29
p13		p28
p14		p27
p15		p26
p16		p25
p17		p24
p18		p23
p19		p22
p20		p21

(p15～p20：アナログ入力)

アナログ出力　class AnalogOut : public Base

音を作ってみよう

■ 機能
アナログ電圧を出力する．
0～3.3Vの電圧を段階的に出力できる．
分解能は10ビット．

メンバ	説　明

`AnalogOut(`
　`PinName pin,`
　`const char* name = NULL`
`)`
	クラスの定義用．
	アナログ出力するピン番号を指定する．また文字列で名前も指定できる．
	指定可能なピンはp18．

`void write(`
　`float value`
`)`
	0.0～3.3Vの電圧出力を浮動小数点の0.0～1.0の範囲で設定できる．
	引き数
	　`value`：出力電圧 0.0～1.0(0～3.3V)

`void write_u16(`
　`unsigned short value`
`)`
	0.0～3.3Vの電圧出力を整数の0～65535の範囲で設定できる．ただし分解能は10ビット．
	引き数
	　`value`：出力電圧 0～65535(0～3.3V)

`float read()`	アナログ出力している値を浮動小数点の0.0～1.0の範囲で取得できる． **戻り値** 　出力電圧 0.0～1.0(0～3.3V)
`operator=`	=でオーバーロードされ，クラス名に代入することでwriteと同じ動きをする．
`operator float()`	floatでオーバーロードされ，クラス名を参照することでreadと同じ動きをする．

サンプル・プログラム

```
#include "mbed.h"

AnalogOut signal(p18);

int main() {
    while(1) {
        // 0～3.3Vまで0.1msごとに上げていく
        for(float i=0.0; i<1.0; i+=0.1) {
            signal = i;
            wait(0.0001);
        }
    }
}
```

機能するピン

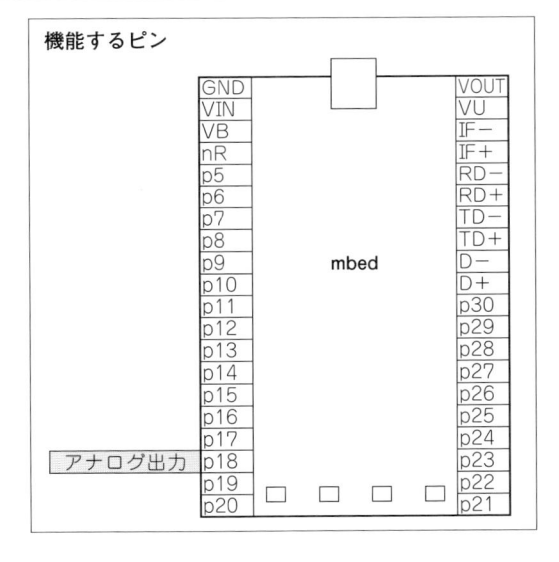

```
GND        VOUT
VIN        VU
VB         IF-
nR         IF+
p5         RD-
p6         RD+
p7         TD-
p8         TD+
p9   mbed  D-
p10        D+
p11        p30
p12        p29
p13        p28
p14        p27
p15        p26
p16        p25
p17        p24
アナログ出力 p18  p23
p19        p22
p20        p21
```

125

PWM出力　class PwmOut：public Base

LEDの明るさを変化

■ 機能
周期とパルス幅またはデューティ比を設定してパルス出力ができる．
mbed上のLED1～LED4も指定できる．
LEDの明るさを変えることができる．

メンバ	説明
PwmOut(　PinName pin, 　const char* name = NULL)	クラスの定義用． PWM出力するピン番号を指定する．また文字列で名前も指定できる． 指定可能なピンはp21～p26，またはLED1～LED4．
void write(　float value)	PWM信号のデューティ比を設定する． **引き数** 　value：デューティ比 0.0～1.0(0～100%)
float read()	PWM出力されているデューティ比を取得する． **戻り値** 　デューティ比 0.0～1.0(0～100%)
void period(　float seconds)	秒単位でPWM信号の周期を設定する． **引き数** 　seconds：PWM周期[秒]
void period_ms(　int ms)	ミリ秒単位でPWM信号の周期を設定する． **引き数** 　ms：PWM周期[ミリ秒]
void period_us(　int us)	マイクロ秒単位でPWM信号の周期を設定する． **引き数** 　us：PWM周期[マイクロ秒]
void pulsewidth(　float seconds)	PWM信号のパルス幅を秒単位で設定する． **引き数** 　seconds：パルス幅[秒]
void pulsewidth_ms(　int ms)	PWM信号のパルス幅をミリ秒単位で設定する． **引き数** 　ms：パルス幅[ミリ秒]
void pulsewidth_us(　int us)	PWM信号のパルス幅をマイクロ秒単位で設定する． **引き数** 　us：パルス幅[マイクロ秒]
operator=	=でオーバーロードされ，クラス名に代入することでwriteと同じ動きをする．
operator float()	floatでオーバーロードされ，クラス名を参照することでreadと同じ動きをする．

サンプル・プログラム

```
#include "mbed.h"

PwmOut led(LED1);

int main() {
    while(1) {
        // LEDの明るさを変化させる．
        for(float p = 0.0f; p < 1.0f; p += 0.1f) {
            led = p;
            wait(0.1);
        }
    }
}
```

付録B 標準ライブラリ日本語リファレンス

機能するピン

```
GND        VOUT
VIN        VU
VB         IF-
nR         IF+
p5         RD-
p6         RD+
p7         TD-
p8         TD+
p9    mbed D-
p10        D+
p11        p30
p12        p29
p13        p28
p14        p27
p15        p26 ┐
p16        p25 │P
p17        p24 │W
p18        p23 │M
p19        p22 │出
p20        p21 ┘力
```

PWM出力波形

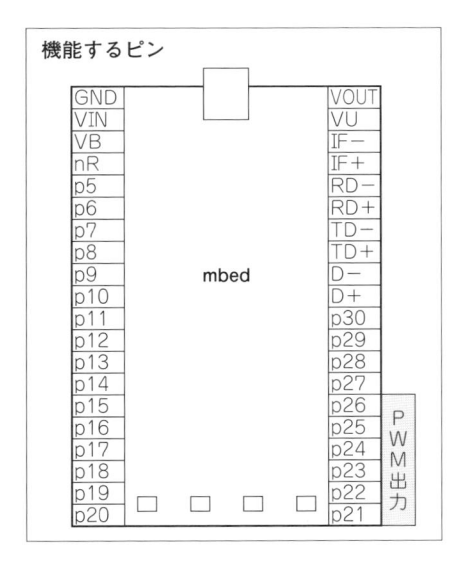

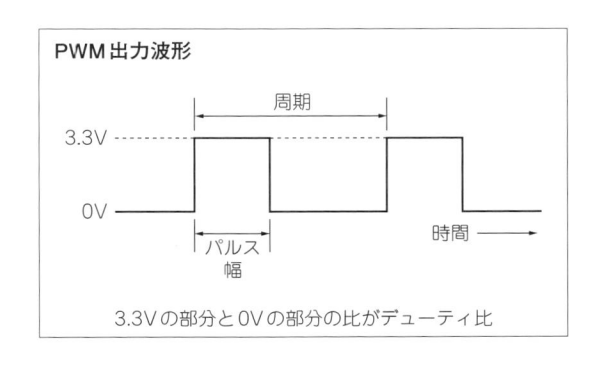

3.3Vの部分と0Vの部分の比がデューティ比

（周期／パルス幅／時間）

PCや他のマイコンと通信

シリアル通信　class Serial : public Stream

■ 機能
　指定したピンでシリアル通信(RS-232-C)が行える．

メンバ	説　明

`Serial(`
`  PinName tx,`
`  PinName rx,`
`  const char* name = NULL`
`)`
	クラスの定義用．
	シリアル通信するピン番号を指定する．また文字列で名前も指定できる．
	指定可能なピンは(p9, p10)，または(p13, p14)，または(p28, 27)，または(USBTX, USBRX)．

`void baud(`
`  int baudrate`
`)`
	ボー・レートを指定する．
	引き数
	　`baudrate`：ボー・レート(デフォルト値は9600)

`void format(`
`  int bits = 8,`
`  Parity parity`
`          =Serial::None,`
`  int stop_bits = 1`
`)`
	通信の設定を行う．
	引き数
	　`bits`　：データ・ビット 5〜8（デフォルトは8）
	　`parity`：パリティ Serial::None(なし), Serial::Odd(奇数),
	　　　　　　Serial::Even(偶数)
	　　　　　　デフォルトはSerial::None なし

`int putc(`
`  int c`
`)`
	キャラクタ1文字送信．
	引き数　`c`：送信する文字
	戻り値　成功：引き数の文字　失敗：-1

`int printf(`
`  const char *format,`
`  ...`
`)`
	書式に従って文字列を送信．
	引き数　`format`：書式文字列
	　　　　　`...`　：可変個引き数
	戻り値　成功：出力したバイト数　失敗：負値

`int scanf(`
`  const char *format,`
`  ...`
`)`
	書式に従って文字列を受信．
	引き数　`format`：書式文字列
	　　　　　`...`　：可変個引き数
	戻り値　成功：出力したバイト数　失敗：-1

`int readable()`	受信データがあるか調べる． **戻り値** 　0：受信データなし　1：受信データあり
`int writeable()`	送信データがあるか調べる． **戻り値**　0：送信データなし　1：送信データあり

`void attach(`
`  void (*fptr)(void),`
`  IrqType type = RxIrq`
`)`
	割り込み時に呼ぶ関数を指定する．
	引き数　`fptr`：関数のポインタ
	　　　　　`type`：割り込む条件
	　　　　　RxIrq(受信割り込み), TxIrq(送信完了割り込み)

127

サンプル・プログラム

```
#include "mbed.h"

Serial device(p9, p10);    // tx, rx

int main() {
    device.baud(19200);    // ボー・レートを設定
    device.printf("Hello World¥n"); // 文字を送信
}
```

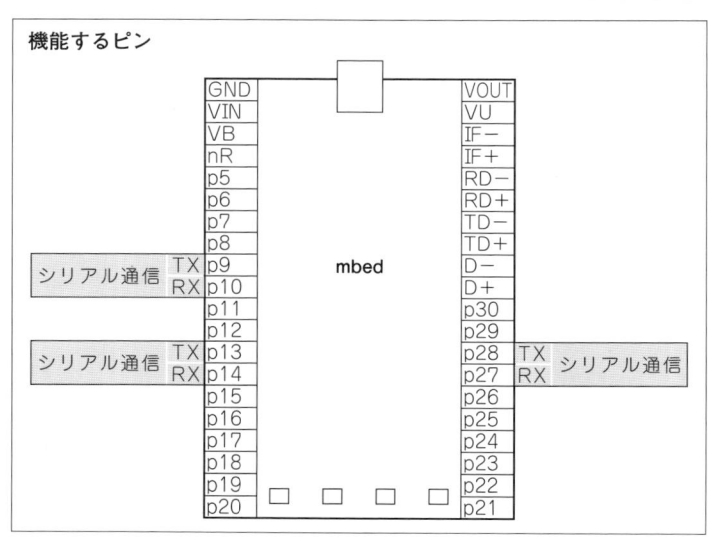

機能するピン

```
              ┌─────┐
        GND   │     │   VOUT
        VIN   │     │   VU
        VB    │     │   IF−
        nR    │     │   IF+
        p5    │     │   RD−
        p6    │     │   RD+
        p7    │     │   TD−
        p8    │     │   TD+
  TX    p9    │ mbed│   D−
  RX    p10   │     │   D+
        p11   │     │   p30
        p12   │     │   p29
  TX    p13   │     │   p28   TX
  RX    p14   │     │   p27   RX
        p15   │     │   p26
        p16   │     │   p25
        p17   │     │   p24
        p18   │     │   p23
        p19   │     │   p22
        p20   │     │   p21
              └─────┘
```
シリアル通信 (p9/p10), シリアル通信 (p13/p14), シリアル通信 (p28/p27)

SPI通信　class SPI : public Base

SDメモリーカードはSPI通信で！

■ 機能
指定したピンでSPI通信が行える.

メンバ	説　明
SPI(　PinName mosi, 　PinName miso, 　PinName sclk, 　const char* name = NULL)	クラスの定義用. SPI通信するピン番号を指定する. また文字列で名前も指定できる. ピン指定は(p5, p6, p7)もしくは(p11, p12, p13)
void format(　int bits, 　int mode = 0)	通信形式を指定する. **引き数** 　bits：データ・ビット 4～16 　mode：モード 0～3 　　0ビット目：PHA(ラッチ/シフト先行) 　　　　0：ラッチ先行, 1：シフト先行 　　1ビット目：POL(パルス極性) 　　　　0：正, 1：負
void frequency(　int hz = 1000000)	SPIクロックの周波数を指定 **引き数** 　hz：周波数[Hz], デフォルト1MHz
virtual int write(　int value)	スレーブにデータを送り, スレーブからデータを取得する. **引き数** 　value：スレーブに送信するデータ **戻り値** 　スレーブから受信したデータ

サンプル・プログラム

```
#include "mbed.h"

SPI spi(p5, p6, p7); // mosi, miso, sclk
DigitalOut cs(p8);   // CS

Serial pc(USBTX, USBRX); // tx, rx

int main() {
    // データ・ビット8bit シフト先行 パルス負極性に設定
    spi.format(8,3);

    // クロック1MHzに設定
    spi.frequency(1000000);

    // チップ・セレクト＝LOW スレーブとの通信開始
    cs = 0;

    // 0x8Fをスレーブに送信
    spi.write(0x8F);

    // スレーブから受信  受信したデータをコンソールに表示
    pc.printf("recv = 0x%X¥n", spi.write(0x00));

    // チップ・セレクト＝HIGH スレーブとの通信終了
    cs = 1;
}
```

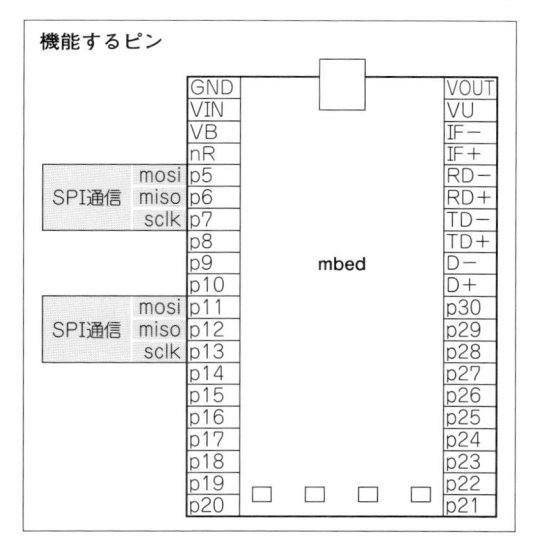

機能するピン

	GND	VOUT
	VIN	VU
	VB	IF-
	nR	IF+
SPI通信 mosi	p5	RD-
miso	p6	RD+
sclk	p7	TD-
	p8	TD+
	p9	D-
	p10	D+
SPI通信 mosi	p11	p30
miso	p12	p29
sclk	p13	p28
	p14	p27
	p15	p26
	p16	p25
	p17	p24
	p18	p23
	p19	p22
	p20	p21

I²C通信　class I2C : public Base

■ 機能

指定したピンでI²C通信が行える．

メンバ	説　明
I2C(　PinName sda, 　PinName sci, 　const char* name = NULL)	クラスの定義用． I²C通信するピン番号を指定する．また文字列で名前も指定できる． ピン指定は(p9, p10)，もしくは(p28, p27)
void frequency(　int hz)	I²Cのバス・クロックの周波数を指定． 引き数　hz：周波数[Hz]
int read(　int address, 　char *data, 　int length, 　bool repeated = false)	I²Cバス上のスレーブからデータを読み出す． 引き数　address ：スレーブのアドレス 　　　　data　　：受信したデータを入れるバッファのポインタ 　　　　length　：読み出すサイズ 　　　　repeated：通信を繰り返し行うかの指定 　　　　　　　　true　：行う，false：行わない 戻り値　0：正常　0以外:異常
int read(　int ack)	I²Cバス上のスレーブから1バイト読み出す． 引き数　ack：ACKをするかどうかを指定する 戻り値　読み出したデータ
int write(　int address, 　const char *data, 　int length, 　bool repeated = false)	I²Cバス上のスレーブにデータを送る． 引き数　address ：スレーブのアドレス 　　　　data　　：送るデータのポインタ 　　　　length　：読み出すサイズ 　　　　repeated：通信を繰り返し行うかの指定 　　　　　　　　true　：行う，false：行わない 戻り値　0：正常　0以外:異常
int write(　int data)	I²Cバス上のスレーブに1バイト送る． 引き数　data：送るデータ 戻り値　ACKを受け取ったかどうか
void start()	I²C通信スタート
void stop()	I²C通信ストップ

サンプル・プログラム

```
#include "mbed.h"

I2C i2c(p28, p27); // sda sci

int main() {
    int address = 0x62;
    char data[2];
    //0x62のスレーブから2バイト読み出す．
    i2c.read(address, data, 2);
}
```

機能するピン

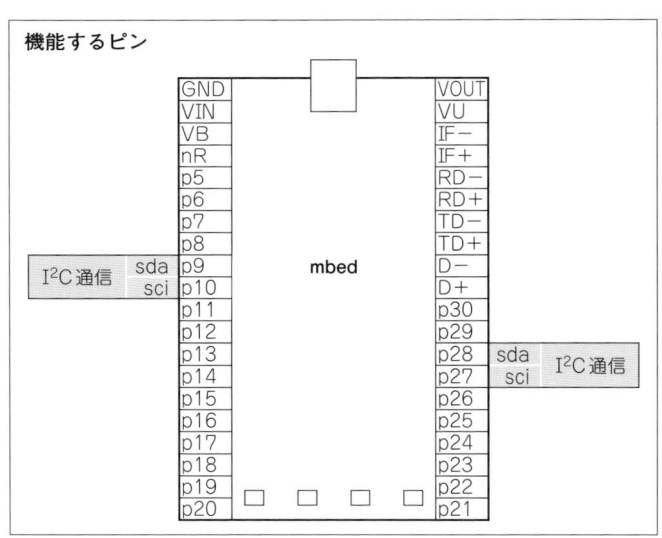

イーサネット通信　class Ethernet : public Base

LANで通信しよう

■ 機能
イーサネット通信が行える．
このクラスは下層の通信層のみで，TCP/IPなどプロトコル・スタックは別に用意する必要がある．

メンバ	説　明
`Ethernet()`	クラスの定義用．

`int write(`
　`const char *data,`
　`int size`
`)`
	イーサネットのパケットを書き込む．
	引き数
	　data：書き込むパケットのポインタ
	　size：パケットのサイズ
	戻り値
	　書き込んだバイト数

`int send()`	パケットを送信する． 戻り値 　0：送信異常　1：送信正常
`int receive()`	パケットを受信する． 戻り値 　0：受信なし　1以上：受信したサイズ

`int read(`
　`char *data,`
　`int size`
`)`
	受信したパケットを取得する．
	引き数
	　data：受信したデータを入れる．
	　　　　バッファのポインタ
	　size：取得するサイズ

`void address(`
　`char *mac`
`)`
	MACアドレスを取得する．
	引き数
	　mac：MACアドレスを入れるポインタ

`int link()`	リンク状態を取得する． 戻り値 　0：リンク・ダウン　1：リンク・アップ

`void set_link(`
　`Mode mode`
`)`
	リンクの設定を行う．
	引き数
	　mode：リンク設定
	　　`AutoNegotiate`：自動
	　　`HalfDuplex10` ：10Mbps 半二重
	　　`FullDuplex10` ：10Mbps 全二重
	　　`HalfDuplex100`：100Mbps 半二重
	　　`FullDuplex100`：100Mbps 全二重
	　※注　相手が自動の場合はこちらも自動にしたほうがよい．

サンプル・プログラム

```
#include "mbed.h"

Ethernet eth;

int main() {
    char buf[0x600];

    while(1) {
        // 受信サイズを取得
        int size = eth.receive();
        if(size > 0) {
            // 受信したデータを取得し，MACアドレスを表示
            eth.read(buf, size);
            printf("Destination: %02X:%02X:%02X:%02X:%02X:%02X\n",
                    buf[0], buf[1], buf[2], buf[3], buf[4], buf[5]);
            printf("Source: %02X:%02X:%02X:%02X:%C2X:%02X\n",
                    buf[6], buf[7], buf[8], buf[9], buf[10], buf[11]);
        }
        wait(1);
    }
}
```

タイマ　class Timer : public Base

■ 機能
経過時間を計ることができる.

メンバ	説　明
Timer()	クラスの定義用
void start()	タイマをスタートする.
void stop()	タイマをストップする.
void reset()	タイマを0リセットする.
float read()	秒単位のタイマ値を取得する. 戻り値 　　タイマ値[秒]
int read_ms()	ミリ秒単位のタイマ値を取得する. 戻り値 　　タイマ値[ミリ秒]
int read_us()	マイクロ秒単位のタイマ値を取得する. 戻り値 　　タイマ値[マイクロ秒]

サンプル・プログラム

```
#include "mbed.h"

Timer timer;
DigitalOut led(LED1);
int begin, end;

int main() {

    // タイマ・スタート
    timer.start();

    // 開始時間を取得
    begin = timer.read_us();
    led = !led;

    // 終了時間を取得
    end = timer.read_us();

    // 「led = !led」の処理時間を表示
    printf("Toggle the led takes %d us", end - begin);
}
```

タイムアウト　class Timeout : public Ticker

制限時間で割り込み

■ 機能
時間経過で割り込みを入れる.

メンバ	説　明
`Timeout()`	クラスの定義用

`void attach(`
　`void (*fptr)(void),`
　`float t`
`)`
	割り込む関数と時間をセットする.
	引き数
	　fptr：関数ポインタ
	　t　：時間[秒]

`void attach(`
　`T *tptr,`
　`void (T::*mptr)(void),`
　`float t`
`)`
	割り込む関数と時間をセットする.
	引き数
	　tptr：関数の所属するオブジェクト
	　mptr：関数ポインタ
	　t　：時間[秒]

`void attach_us(`
　`void (*fptr)(void),`
　`unsigned int t`
`)`
	割り込む関数と時間をセットする.
	引き数
	　fptr：関数ポインタ
	　t　：時間[マイクロ秒]

`void attach_us(`
　`T *tptr,`
　`void (T::*mptr)(void),`
　`unsigned int t`
`)`
	割り込む関数と時間をセットする.
	引き数
	　tptr：関数の所属するオブジェクト
	　mptr：関数ポインタ
	　t　：時間[マイクロ秒]

`void detach()`	セットした関数をリセットする.

サンプル・プログラム

```cpp
#include "mbed.h"

Timeout timeout;
DigitalOut led(LED1);

int on = 1;

// 割り込む関数
void attimeout() {
    on = 0;
}

int main() {

    // タイムアウト時間と割り込む関数を指定する.
    timeout.attach(&attimeout, 5);

    while(on) {
        led = !led;
        wait(0.2);
    }
}
```

チッカー　class Ticker : public TimerEvent

定周期割り込み

■ 機能
定周期で割り込みを入れる．

メンバ	説　明
`Ticker()`	クラスの定義用

`void attach(`
　`void (*fptr)(void),`
　`float t`
`)`
	割り込む関数と時間をセットする．
	引き数
	　fptr：関数ポインタ
	　t　　：時間[秒]

`void attach(`
　`T *tptr,`
　`void (T::*mptr)(void),`
　`float t`
`)`
	割り込む関数と時間をセットする．
	引き数
	　tptr：関数の所属するオブジェクト
	　mptr：関数ポインタ
	　t　　：時間[秒]

`void attach_us(`
　`void (*fptr)(void),`
　`unsigned int t`
`)`
	割り込む関数と時間をセットする．
	引き数
	　fptr：関数ポインタ
	　t　　：時間[マイクロ秒]

`void attach_us(`
　`T *tptr,`
　`void (T::*mptr)(void),`
　`unsigned int t`
`)`
	割り込む関数と時間をセットする．
	引き数
	　tptr：関数の所属するオブジェクト
	　mptr：関数ポインタ
	　t　　：時間[マイクロ秒]

`void detach()`	セットした関数をリセットする．

サンプル・プログラム

```cpp
#include "mbed.h"

Ticker timer;
DigitalOut led1(LED1);
DigitalOut led2(LED2);

int flip = 0;

// 割り込む関数
void attime() {
    flip = !flip;
}

int main() {

    // 定周期で割り込む時間と割り込む関数を指定する．
    timer.attach(&attime, 5);

    while(1) {
        if(flip == 0) {
            led1 = !led1;
        } else {
            led2 = !led2;
        }
        wait(0.2);
    }
}
```

付録B 標準ライブラリ日本語リファレンス

ローカル・ファイル・システム

mbedドライブにアクセス

■機能
mbedドライブ内のファイルにアクセスできる．
※ここでは，メンバ関数ではなく，ファイル・アクセス用の関数を紹介する．

定義	説明
`LocalFileSystem local("local")`	mbedドライブのファイルにアクセスするための定義．

関数	説明

`FILE *fopen(`
`  const char *filename,`
`  const char *mode`
`)`
	ファイルをオープンする．
	引き数　filename：ファイルのパス
	　　　　　　　　　　mbedドライブは"/local/"
	　　　　　　mode　　：ファイルを開くモード
	　　　　　　　　テキスト・モード
	　　　　　　　　　　"r"　：読み出し用
	　　　　　　　　　　"w"　：書き込み用
	　　　　　　　　　　"a"　：追加書き込み用
	　　　　　　　　　　"r+"：読み込みと書き込み
	　　　　　　　　　　"w+"：書き込みと読み込み
	　　　　　　　　　　"a+"：読み込みと追加書き込み
	　　　　　　　　バイナリ・モード
	　　　　　　　　　　"rb"のようにbを付けるとバイナリ・モードでオープンする．
	戻り値　ファイルのポインタ

`int fclose(`
`  FILE *fp`
`)`
	ファイルをクローズする．
	引き数　fp：ファイルのポインタ．
	戻り値　0：成功　EOF：失敗

`char *fgets(`
`  char *str,`
`  int n,`
`  FILE *fp`
`)`
	ファイルから文字列を読み込む．
	引き数　str：文字列を入れるバッファのポインタ
	　　　　　n　：読み出す最大文字数
	　　　　　fp　：ファイルのポインタ
	戻り値　読み込んだ文字列のポインタ（ファイルの最後だとNULL）

`int fputs(`
`  const char *str,`
`  FILE *fp`
`)`
	ファイルに文字列を書き込む．
	引き数　str：書き込む文字列のポインタ
	　　　　　fp　：ファイルのポインタ
	戻り値　成功：マイナス以外　失敗：EOF

`int fscanf(`
`  FILE *fp,`
`  const char *format,`
`  ...`
`)`
	書式に従って文字列を読み込む．
	引き数　fp　　　：ファイルのポインタ
	　　　　　format：書式文字列
	　　　　　...　　：可変個引き数
	戻り値　成功：出力したバイト数　失敗：-1

`int fprintf(`
`  FILE *fp,`
`  const char *format,`
`  ...`
`)`
	書式に従って文字列を書き込む．
	引き数　fp　　　：ファイルのポインタ
	　　　　　format：書式文字列
	　　　　　...　　：可変個引き数
	戻り値　成功：出力したバイト数　失敗：-1

サンプル・プログラム

```c
#include "mbed.h"

LocalFileSystem local("local");

int main() {
    // mbedドライブのファイルを開く
    FILE *fp = fopen("/local/out.txt", "w");
    // 文字列を書き込む
    fprintf(fp, "Hello World!");
    // ファイルをクローズ
    fclose(fp);
}
```

注意点
fopenからfcloseするまでの間はパソコンからドライブとして見えなくなるので注意が必要．もし，fopenしたままになった場合はmbed上のリセット・スイッチを押したまま別なプログラムを置こう．

付録C クックブック掲載ライブラリ日本語リファレンス

mbedサイトのクックブックに掲載されているライブラリを，日本語リファレンスという形でいくつか紹介します．

クックブックはmbedユーザなら誰でも編集できるようになっているので，どんどんみんなが作ったライブラリが増えています．

HTTPクライアント

■機能
HTTPクライアント機能が使用できる．

インポートするライブラリ	EthernetNetIf, HTTPClient
インクルードするヘッダ・ファイル	EthernetNetIf.h, HTTPClient.h

メンバ	説　明
`HTTPClient()`	クラス定義用．

`void basicAuth(`
　`const char *user,`
　`const char *password`
`)`
	ベーシック認証用の情報を生成する（Base64エンコード）．
	引き数
	　user　　：ユーザ名
	　password：パスワード

`HTTPResult get(`
　`const char *uri,`
　`HTTPData *pDataIn`
`)`
	サーバに対して要求を行う（応答が返るまでブロックする）．
	引き数
	　uri　　　：サーバのURI
	　pDataIn：応答メッセージを入れるポインタ
	戻り値
	　HTTP通信における応答メッセージ
	　　例：200 OK
	　　　　404 Not Found

`HTTPResult get(`
　`const char *uri,`
　`HTTPData *pDataIn,`
　`void(*pMethod)(HTTPResult)`
`)`
	サーバに対して要求を行う（応答は待たない．応答受信時は割り込みが入る）．
	引き数
	　uri　　　：サーバのURI
	　pDataIn：応答メッセージを入れるポインタ
	　pMethod：要求完了または異常時にコールされるメソッド（関数）を指定する
	戻り値
	　HTTP通信における応答メッセージ

`HTTPResult get(`
　`const char *uri,`
　`HTTPData *pDataIn,`
　`T *pItem,`
　`void(T::*pMethod)(HTTPResult)`
`)`
	サーバに対して要求を行う（応答は待たない．応答受信時は割り込みが入る）．
	引き数
	　uri　　　：サーバのURI
	　pDataIn：応答メッセージを入れるポインタ
	　pItem　：コールされるメソッドのクラス・インスタンス
	　pMethod：要求完了または異常時にコールされるメソッドを指定する
	戻り値
	　HTTP通信における応答メッセージ

`HTTPResult post(`
　`const char *uri,`
　`const HTTPData &dataOut,`
　`HTTPData *pDataIn`
`)`
	サーバに対してメッセージを送る（応答が返るまでブロックする）．
	引き数
	　uri　　　：サーバのURI
	　dataOut：送るメッセージ
	　pDataIn：応答メッセージを入れるポインタ
	戻り値
	　HTTP通信における応答メッセージ

付録C　クックブック掲載ライブラリ日本語リファレンス

メンバ	説　明

`HTTPResult post(`
　`const char *uri,`
　`const HTTPData &dataOut,`
　`HTTPData *pDataIn,`
　`void(*pMethod)(HTTPResult)`
`)`
	サーバに対してメッセージを送る(応答は待たない．応答受信時は割り込みが入る)．
	引き数
	　`uri`　　　：サーバのURI
	　`dataOut`：送るメッセージ
	　`pDataIn`：応答メッセージを入れるポインタ
	　`pMethod`：要求完了または異常時にコールされるメソッドを指定する
	戻り値
	　HTTP通信における応答メッセージ

`HTTPResult post(`
　`const char *uri,`
　`const HTTPData &dataOut,`
　`HTTPData *pDataIn,`
　`T *pItem,`
　`void(T::*pMethod)(HTTPResult)`
`)`
	サーバに対してメッセージを送る(応答は待たない．応答受信時は割り込みが入る)．
	引き数
	　`uri`　　　：サーバのURI
	　`dataOut`：送るメッセージ
	　`pDataIn`：応答メッセージを入れるポインタ
	　`pItem`　：コールされるメソッドのクラス・インスタンス
	　`pMethod`：要求完了または異常時にコールされるメソッドを指定する
	戻り値
	　HTTP通信における応答メッセージ

`void doGet(`
　`const char *uri,`
　`HTTPData *pDataIn`
`)`
	サーバに対して要求を行う(応答は待たない)．
	引き数
	　`uri`　　　：サーバのURI
	　`pDataIn`：応答メッセージを入れるポインタ

`void doPost(`
　`const char *uri,`
　`const HTTPData &dataOut,`
　`HTTPData *pDataIn`
`)`
	サーバに対してメッセージを送る(応答は待たない)．
	引き数
	　`uri`　　　：サーバのURI
	　`dataOut`：送るメッセージ
	　`pDataIn`：応答メッセージを入れるポインタ

`void setOnResult(`
　`void(*pMethod)( HTTPResult )`
`)`
	応答時に割り込むメソッドを指定する．
	引き数
	　`pMethod`：要求完了または異常時にコールされるメソッドを指定する

`void setTimeout(`
　`int ms`
`)`
	応答待ちのタイムアウト時間を指定する．
	引き数
	　`ms`：ミリ秒単位の時間

`virtual void poll()`	ネットワーク処理を行う．`Net::poll()`で定期的にコールする．
`int etHTTPResponseCode()`	最後のHTTP応答の応答コードを取得する．

`void setRequestHeader(`
　`const string &header,`
　`const string &value`
`)`
	リクエスト・ヘッダをセットする．
	引き数
	　`header`：セットするヘッダ(文字列)
	　`value`　：セットする値(文字列)

`string &getResponseHeader(`
　`const string &header`
`)`
	レスポンス・ヘッダを取得する．
	引き数
	　`Header`：リクエスト・ヘッダ(文字列)
	戻り値
	　レスポンス・ヘッダ

`void resetRequestHeaders()`	リクエスト・ヘッダをリセットする．

用意されているHTTPDataクラスの継承クラス

`HTTPText`	単純なテキスト・データ用
`HTTPMap`	ウェブ・サービスのAPI用．Twitterにポストする際もこれを使うと便利
`HTTPFile`	ファイル・アクセス用
`HTTPStream`	ストリーム・データ用

サンプル・プログラム

```
#include "mbed.h"
#include "EthernetNetIf.h"
#include "HTTPClient.h"

EthernetNetIf eth;
HTTPClient http;

int main() {
  printf("Start¥n");

  printf("¥r¥nSetting up...¥r¥n");
  EthernetErr ethErr = eth.setup();   // Ether接続を行う
  if(ethErr)
  {
    // Ether接続失敗
    printf("Error %d in setup.¥n", ethErr);
    return -1;
  }
  printf("¥r¥nSetup OK¥r¥n");

  HTTPText txt;
  // ネット上からテキスト・データを取得する.
  HTTPResult r = http.get("http://jksoft.cocolog-nifty.com/message.txt", &txt);
  if(r==HTTP_OK)
  {
    // 取得したテキスト・データを表示する.
    printf("Result :¥"%s¥"¥n", txt.gets());
  }
  else
  {
    // 取得失敗
    printf("Error %d¥n", r);
  }

  while(1)
  {

  }
  return 0;
}
```

HTTPサーバ

■ 機能
HTTPサーバ機能が使用できる.

インポートするライブラリ	EthernetNetIf, HTTPServer
インクルードするヘッダ・ファイル	EthernetNetIf.h, HTTPServer.h

メンバ	説明
`HTTPServer()`	HTTPサーバ・クラスのインスタンス

`void addHandler(`
`  const char * path`
`)`
	ハンドラを追加する.
	引き数
	　`path`：パス名
	用意されているハンドラの種類
	　`SimpleHandler`：「Hello world !」を返す単純なハンドラ
	　`FSHandler`　　：ウェブからファイル・システムにアクセスするハンドラ
	　`RPCHandler`　　：RPCを提供するハンドラ
	使用例
	　`addHandler<SimpleHandler>("/hello");`
	　`addHandler<FSHandler>("/");`
	　`addHandler<RPCHandler>("/rpc");`

`void bind(`
`  int port = 80`
`)`
	指定されたポートでバインドする.
	引き数
	　`port`：ポート番号

`virtual void poll()`	ネットワーク処理を行う. `Net::poll()` で定期的にコールする.

サンプル・プログラム

```
#include "mbed.h"
#include "EthernetNetIf.h"
#include "HTTPServer.h"

EthernetNetIf eth;
HTTPServer svr;

DigitalOut led1(LED1);

int main() {
  EthernetErr ethErr = eth.setup();   // Ether接続を行う
  if(ethErr)
  {
    // Ether接続失敗
    return -1;
  }

  svr.addHandler<SimpleHandler>("/"); // ハンドラを追加
  svr.bind(80);

  Timer tm;
  tm.start();

  while(true)
  {
    Net::poll();
    if(tm.read()>.5)
    {
      // 動作中確認用LEDを駆動する.
      led1=!led1;
      tm.start();
    }
  }
  return 0;
}
```

Text LCD

■ 機能
キャラクタ・ディスプレイ・モジュールをつなげて文字を表示できる.

インポートするライブラリ	TextLCD
インクルードするヘッダ・ファイル	TextLCD.h

メンバ	説　明
TextLCD (　PinName rs, 　PinName e, 　PinName d0, 　PinName d1, 　PinName d2, 　PinName d3, 　LCDType type = LCD16x2)	クラスの定義用．液晶モジュールをつなげたピン番号と液晶モジュールの種類を指定する．
void cls()	画面をクリアして，カーソルを初期位置に移動する．
void locate(　int column, 　int row)	カーソル位置を指定する． 引き数 　column：横位置を指定する 　row：縦位置を指定する
int printf(　const char *format, 　...)	書式に従って文字列を表示． 引き数 　format：書式文字列 　...　　：可変個引き数 戻り値 　成功：出力したバイト数 　失敗：負値
int putc(　int c)	キャラクタ1文字を表示する． 引き数 　c：表示する文字 戻り値 　成功：引き数の文字 　失敗：−1

サンプル・プログラム

```
#include "mbed.h"
#include "TextLCD.h"

TextLCD lcd(p10, p12, p15, p16, p29, p30);  // rs, e, d4～d7

int main() {
    lcd.printf("Hello World!");
    lcd.locate(0,1);
    lcd.printf("mbed TextLCD");
}
```

■ キャラクタ液晶との接続方法
　mbedとの接続以外に，コントラスト調整用の半固定抵抗を取り付ける必要がある．

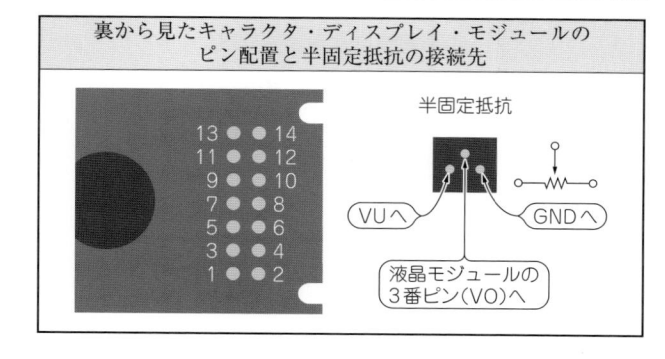

裏から見たキャラクタ・ディスプレイ・モジュールの
ピン配置と半固定抵抗の接続先

液晶モジュール ピン番号	ピン名	mbedへの接続ピン
1	VDD	VU
2	VSS	GND
3	VO	（半固定抵抗へ）
4	RS	p10
5	R/W	GND
6	E	p12
7	DB0	未接続
8	DB1	未接続
9	DB2	未接続
10	DB3	未接続
11	DB4	p15
12	DB5	p16
13	DB6	p29
14	DB7	p30

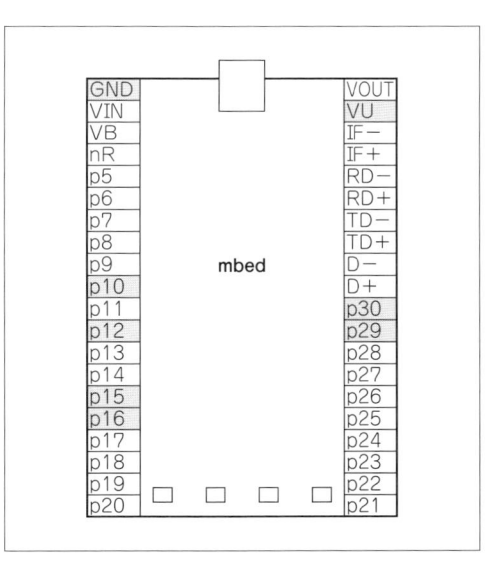

SDメモリーカード・ファイル・システム

■ 機能
SDメモリーカード内のファイルを読み書きできる．
ファイルへのアクセス方法は付録Bのローカル・ファイル・システムと同様．

インポートするライブラリ	SDFileSystem
インクルードするヘッダ・ファイル	SDFileSystem.h

定　義	説　明

`SDFileSystem(`
　`PinName mosi,`
　`PinName miso,`
　`PinName sclk,`
　`PinName cs,`
　`const char* name = NULL`
`)`
	クラスの定義用．
	SDメモリーカードが接続されているピン番号を指定する．
	mosi，miso，sclkはSPI通信が使用できるポートでなくてはならない．
	nameを付けないとアクセス・パスが定義できないため定義する必要がある．

関　数	説　明

`FILE *fopen(`
　`const char *filename,`
　`const char *mode`
`)`
	ファイルをオープンする．
	引き数　filename：ファイルのパス
	　　　　　　　　パスはSDFileSystemで指定した名前
	　　　　mode：ファイルを開くモード
	　　　　　テキスト・モード
	　　　　　　"r"：読み出し用
	　　　　　　"w"：書き込み用
	　　　　　　"a"：追加書き込み用
	　　　　　　"r+"：読み込みと書き込み
	　　　　　　"w+"：書き込みと読み込み
	　　　　　　"a+"：読み込みと追加書き込み
	　　　　　バイナリ・モード
	　　　　　　"rb"のようにbを付けるとバイナリ・モードでオープンする．
	戻り値　ファイルのポインタ

`int fclose(`
　`FILE *fp`
`)`
	ファイルをクローズする．
	引き数　fp：ファイルのポインタ
	戻り値　成功：0　失敗：EOF

関　数	説　明
| ```
char *fgets(
    char *str,
    int n,
    FILE *fp
)
``` | ファイルから文字列を読み込む．<br>引き数　str：文字列を入れるバッファのポインタ<br>　　　　n 　：読み出す最大文字数<br>　　　　fp ：ファイルのポインタ<br>戻り値　読み込んだ文字列のポインタ（ファイルの最後だとNULL） |
| ```
int fputs(
    const char *str,
    FILE *fp
)
``` | ファイルに文字列を書き込む．<br>引き数　str：書き込む文字列のポインタ<br>　　　　fp ：ファイルのポインタ<br>戻り値　成功：マイナス以外　失敗：EOF |
| ```
int fscanf(
    FILE *fp,
    const char *format,
    ...
)
``` | 書式に従って文字列を読み込む．<br>引き数　fp 　　：ファイルのポインタ<br>　　　　format：書式文字列<br>　　　　...　　：可変個引き数<br>戻り値　成功：出力したバイト数　失敗：-1 |
| ```
int fprintf(
    FILE *fp,
    const char *format,
    ...
)
``` | 書式に従って文字列を書き込む．<br>引き数　fp 　　：ファイルのポインタ<br>　　　　format：書式文字列<br>　　　　...　　：可変個引き数<br>戻り値　成功：出力したバイト数　失敗：-1 |

サンプル・プログラム

```
#include "mbed.h"
#include "SDFileSystem.h"

SDFileSystem sd(p5, p6, p7, p8, "sd"); // mosi miso sclk cs

int main() {
    // ファイルをオープンする．
    FILE *fp = fopen("/sd/sdtest.txt", "w");

    // ファイルへ書き込む．
    fprintf(fp, "Hello fun SD Card World!");

    // ファイルをクローズする．
    fclose(fp);
}
```

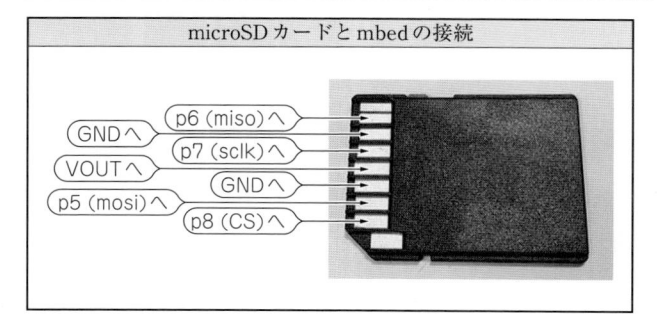

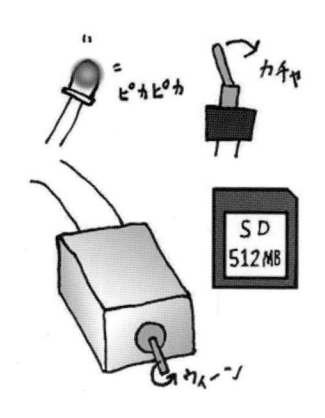

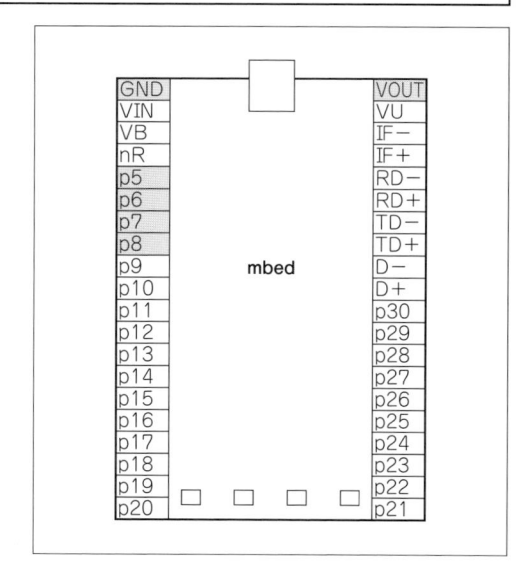

microSDカードとmbedの接続

142

■ 著者略歴
勝 純一（かつ・じゅんいち）

1980年	神奈川県相模原市生まれ
1992年	趣味で電子工作を始める
1997年	高校の部活動をきっかけにロボット作りを始める
2001年	NHKアイデア対決・ロボットコンテスト世界大会に出場
2002年	全日本ロボット相撲大会　全国大会に出場
2003年	かわさきロボット競技大会　決勝トーナメント　ファイティング賞受賞
	かわさきロボット競技大会　知能ロボットコンクール　マイコン技術賞受賞
2004年	神奈川工科大学　電気電子工学科　卒業
	ソフトウェアを学ぶため，組み込みソフトウェア・エンジニアの道へ
2009年	Engineer Award 2009 Beautoロボコングランプリ ファイナルグランプリ 優勝
2010年	リプロ製品アイディアコンテスト　総合グランプリ受賞

現在は，日信ソフトエンジニアリング㈱で組み込みソフトウェア・エンジニアとして日々精進しつつ，趣味では電子工作を楽しんでいる．

TwitterID　　：@jksoft913
ホームページ：http://jksoft.cocolog-nifty.com/

- ●**本書記載の社名，製品名について** – 本書に記載されている社名および製品名は，一般に開発メーカの登録商標です．なお，本文中ではTM，®，©の各表示を明記していません．
- ●**本書掲載記事の利用についてのご注意** – 本書掲載記事は著作権法により保護され，また産業財産権が確立されている場合があります．したがって，記事として掲載された技術情報をもとに製品化をするには，著作権者および産業財産権者の許可が必要です．また，掲載された技術情報を利用することにより発生した損害などに関して，CQ出版社および著作権者ならびに産業財産権者は責任を負いかねますのでご了承ください．
- ●**本書に関するご質問について** – 文章，数式などの記述上の不明点についてのご質問は，必ず往復はがきか返信用封筒を同封した封書でお願いいたします．勝手ながら，電話でのお問い合わせには応じかねます．ご質問は著者に回送し回答していただきますので，多少時間がかかります．また，本書の記載範囲を越えるご質問には応じられませんので，ご了承ください．
- ●**本書の複製等について** – 本書のコピー，スキャン，デジタル化等の無断複製は著作権法上での例外を除き禁じられています．本書を代行業者等の第三者に依頼してスキャンやデジタル化することは，たとえ個人や家庭内の利用でも認められておりません．

JCOPY 〈(社)出版者著作権管理機構委託出版物〉
本書の全部または一部を無断で複写複製(コピー)することは，著作権法上での例外を除き，禁じられています．本書からの複製を希望される場合は，(社)出版者著作権管理機構（TEL：03-3513-6969）にご連絡ください．

超お手軽マイコン mbed 入門

2011年3月1日　初版発行	編集担当者　寺前裕司／熊谷秀幸／我満みどり
2015年8月1日　第3版発行	印刷所　　　(株)リーブルテック
©勝 純一／CQ出版社 2011　禁無断転載	表紙・デザイン　戸倉巌(トサカデザイン)
発行人　　寺前裕司	扉イラスト　神崎真理子
発行所　　CQ出版株式会社　〒112-8619 東京都文京区千石4-29-14	DTP　　　(株)リーブルテック
電話　編集 03-5395-2123	
販売 03-5395-2141	Printed in Japan ＜定価は表4に表示してあります＞
振替　00100-7-10665　URL　http://www.cqpub.co.jp/	乱丁，落丁本はお取り替えします
ISBN978-4-7898-1752-3	

‖本書についてのサポート情報およびダウンロード情報は，http://www.cqpub.co.jp/ をご覧ください．‖